DIANWANG TONGXIN GONGCHENG
BIAOZHUN SHIGONG GONGYI SHIFAN SHOUCE

电网通信工程
标准施工工艺示范手册

第二版

国家电网有限公司信息通信分公司　组编

中国电力出版社
CHINA ELECTRIC POWER PRESS

内 容 提 要

本书提炼总结了国家电网有限公司各级通信工作者近年来在通信工程建设、运维等方面的经验及创新成果。全书共分六章，分别从光缆接续及引下施工工艺、站内光缆布放工艺、通信机房施工工艺、通信设备安装及接地施工工艺、通信电源安装及改造工艺、线缆布放及成端工艺等方面介绍了电网通信工程范围内各个关键环节的标准施工工艺相关内容，并提供了大量优秀施工案例，使广大读者能够全面了解电力配套通信工程整体情况和各环节质量管控具体要求。

本书可供电网通信基建、运维管理单位以及工程建设、设计、施工、监理单位管理人员学习、使用，同时可供从事通信工程建设质量管理的相关专业人员学习、参考。

图书在版编目（CIP）数据

电网通信工程标准施工工艺示范手册/国家电网有限公司信息通信分公司组编. —2 版. —北京：中国电力出版社，2020.12（2023.1 重印）
ISBN 978-7-5198-5183-5

Ⅰ．①电…　Ⅱ．①国…　Ⅲ．①电力通信网–通信工程–工程施工–技术手册　Ⅳ．①TM73–62

中国版本图书馆 CIP 数据核字（2020）第 253831 号

出版发行：中国电力出版社
地　　址：北京市东城区北京站西街 19 号（邮政编码 100005）
网　　址：http://www.cepp.sgcc.com.cn
责任编辑：孙世通（010-63412326）　柳　璐
责任校对：黄　蓓　朱丽芳
装帧设计：郝晓燕
责任印制：钱兴根

印　　刷：三河市万龙印装有限公司
版　　次：2018 年 12 月第一版　2020 年 12 月第二版
印　　次：2023 年 1 月北京第四次印刷
开　　本：787 毫米×1092 毫米　16 开本
印　　张：9.75
字　　数：202 千字
定　　价：60.00 元

编 委 会

序

在习近平总书记"四个革命、一个合作"能源安全新战略思想的引领下，我国电网持续稳步发展，为国家繁荣发展、人民生活改善、社会长治久安发挥了重要作用。2020 年，国家提出"加快新型基础设施建设"，加快推进特高压、5G、大数据中心、工业互联网等领域建设，实现国家智慧经济时代新发展理念，这给相关产业数字化转型升级按下了"快进键"，也给电力通信网络发展带来了新的机遇。

电力通信网络是电力系统安全稳定运行的保障，是能源互联网的神经系统，建设高质量、坚强可靠、高度适配"能源互联网"的电力通信系统是国家电网有限公司实现"建设具有中国特色国际领先的能源互联网企业"战略目标的必要条件之一。

经过近 50 年的发展，我国电力通信网络已成为全球规模最大，技术最先进的电力通信专网。经过一代又一代电力通信建设者的接续奋斗、深耕厚植，形成了大量具有电力通信特色的优秀工艺和先进成果。国家电网有限公司信息通信分公司作为国家电网有限公司直属的信息通信领域专业化公司，有责任、有义务将优秀经验进行系统的归纳总结，加速先进工艺成果在行业内的推广应用，持续提升通信网络整体建设水平，使之更好地服务于电网，服务于社会。

本书凝聚了电力通信基建战线广大一线人员的智慧和心血，是优势的积聚和文化的传承。在国家大力推进"新基建"，国家电网有限公司全力打造"特高压升级版"之际，出版本书及时而意义重大。

在此，我代表编委会向为本书编制出版做出贡献的各位领导、专家表示衷心感谢！让我们一起为中国电网的发展，为电力通信事业更好的明天努力奋斗，做出更大的贡献！

前　言

2020 年，国家电网有限公司贯彻习近平总书记关于国企改革、党建和能源电力行业系列重要讲话和指示批示精神，提出"建设具有中国特色国际领先的能源互联网企业"战略目标。能源互联网是以电为中心，以坚强智能电网为基础平台，将先进信息通信技术、控制技术与先进能源技术深度融合应用，支撑能源电力清洁低碳转型、能源综合利用效率优化和多元主体灵活便捷接入，具有清洁低碳、安全可靠、泛在互联、高效互动、智能开放等特征的智慧能源系统。电力通信网是与电网同源共生的第二张实体网络，是继电保护和安自装置准确动作的基础，是电网调度自动化、运营市场化和管理信息化的支撑，是电网安全、稳定和经济运行的保障。能源互联网的建设与发展给电力通信网络建设提出新的挑战与要求。一套成熟完善的通信工程标准施工工艺可以为电力通信系统和网络高质量建成提供重要保障。

为总结电网通信工程施工管理经验，进一步统一施工工艺要求，规范施工工艺行为，持续提升电网通信工程建设安全质量和工艺水平，努力实现国际领先，国家电网有限公司信息通信分公司联合部分省级信通公司、优秀施工单位，总结以往多年工程建设经验和创新成果，以持续优化、迭代提升、继承发展为指导，以建设高质量通信工程为目标，以工程质量管控为抓手，以建设服务运行为理念，形成"安全可靠、标准统一、技术先进、绿色环保"的新一代通信施工工艺标准，有力支撑国网公司能源互联网建设。

本书在《电网通信工程标准施工工艺示范手册》（2018 版）基础上，创新和改进原有工艺，在光缆接续、站内光缆布放、电源安装及改造、线缆布放及成端等方面新增接头盒盘纤固定、站内双沟道改造、通信电源不停电割接、通信机房用户侧布线等 18 项工艺；对原有的余缆架余缆绑扎、预埋钢管封堵、站内光缆穿管保护等 30 余项工艺进行修订和优化，补充国家电网有限公司十八项反措要求及典型错误工艺示例，进一步提高全书的指导性、规范性和易读性。本书的出版可有效促进电力通信工程施工技术进步和技术积累，加大成熟施工技术、施工工艺的应用，推动施工技术水平和技术创新能力"双提升"，进而稳步提高工程建设质量，为打造新时代样板通信工程奠定坚实基础。

编　者

2020 年 11 月

目 录

1 光缆接续及引下施工工艺

1.1 OPGW 光纤接续工艺

1.1.1 适用范围

本工艺适用于光纤复合架空地线（optical fiber composite overhead ground wire，OPGW）光缆接续施工。

1.1.2 施工流程

OPGW 光缆接续流程如图 1-1 所示。

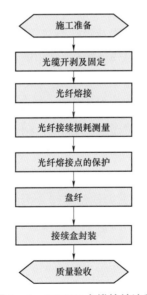

图 1-1 OPGW 光缆接续流程

1.1.3 工艺流程说明及主要质量控制要点

1.1.3.1 施工准备

（1）材料准备：核对接续点位置，确定接头盒类型、光缆接续盒的附件是否齐全；接头盒外表无磕碰，密封性能良好，易于放置和保护；热缩套管、光纤保护管等配件齐全，数量及长度满足要求，施工使用的酒精、去除油膏所需的纸或棉球等齐全。

（2）技术准备：接续盒的安装使用说明书，确定接续指标，光缆接续一般指标为光纤单点双向平均熔接损耗应小于 0.05dB，最大不应超过 0.1dB，全程大于 0.05dB 接头比例应小于 10%，窗口波长为 1550nm。

（3）人员组织：接续人员、测量人员、安全负责人。

（4）机具准备：光纤熔接机、测量仪表（OTDR）、工作台、帐篷、断线钳（砂轮锯）、光纤切割刀、米勒钳（被覆钳）、束管刀（不锈钢管切除刀）、扳手、斜口钳等安装所需的工器具。

1.1.3.2 光缆开剥及固定

施工工艺应符合以下要求：

（1）去除光缆前端牵引时直接受力的部分，光缆引下完成后，地面应预留 10～15m 的余缆且两根余缆长度应保持一致。

（2）导引光缆与 OPGW 接续前应进行余缆的试盘绕，确定导引光缆和 OPGW 的长度并做好标记。

（3）光电分离接续点两根光缆盘绕在不同的余缆架，应分别进行余缆的试盘绕，确定两根 OPGW 的长度并做好标记。

（4）根据光缆在接续盒的固定位置及盘纤余量需要确定开剥的光缆外护层（或外层绞线）的长度并做好标记，采用断线钳（砂轮锯）、角磨机等专业工具切除 OPGW 光缆外护层（或外层绞线），用胶带、自粘带等缠绕铝包钢绞线，以防其散开无法穿入接续盒。森林防火地区禁止使用砂轮锯、角磨机等易产生火花的工器具，应使用专用环形切刀。

（5）仔细辨认并切除内层光缆填充管（或绞线），保留光单元管并及时清理光单元管上的油膏。

（6）宜在接续盒夹板下方 40～50cm 处加装一个引下线夹或并沟线夹，如图 1-2 所示，避免 OPGW 光缆盘入余缆架时扭力过大损伤接续盒内纤芯。

（7）将接续盒固定在工作台上，按接续盒使用说明书，穿入光缆后再采取密封措施，紧固入盒光缆夹板，保证夹板受力均匀，将光缆固定，避免光缆扭转。

（8）矫直不锈钢光单元管，用专业工具切除光单元管并及时清理光纤上的油膏，应避免在去除光单元管过程中损伤光纤。

（9）截取合适长度的光纤保护管，将光纤穿入管内，一端套在光单元管，另一端用扎带固定在盘纤盘入口处。

（10）光纤接续前应对光纤在盘纤盘内进行试盘绕，长度不少于 2.5 圈。

（11）对于分段绝缘的 OPGW 中，要求光电分离的接续点，要严格按照接续盒的安装说明及设计要求，使用专用的引下卡具及特种光缆接续盒（一种通过中空复合绝缘子高压隔离绝缘、光纤与导电体分离的特种光缆接续盒）。注意不锈钢光单元管保留长度一般小于50mm，保证两条OPGW电气上隔离，此部位应拍照留存。

（12）接续盒与绝缘子连接处防水密封良好。

图1-2 接续盒夹板下方40～50cm处加装一个引下线夹或并沟线夹

1.1.3.3 光纤熔接

接续前应检查熔接机性能，选择适合的接续模式及参数，必要时应对熔接机进行维护和清洁，当熔接指标不符合要求时及时更换熔接机电极。光缆接续应在车辆或帐篷内作业。熔接前，熔接机应进行放电试验。光缆接续作业应连续完成，不应任意中断。施工工艺应符合以下要求：

（1）正确区分光缆中光纤排列顺序，确定光纤熔接顺序，并符合施工图设计。

（2）在光纤上加套带有钢丝的热缩套管。

（3）除去光纤涂覆层，用米勒钳垂直钳住光纤快速剥除20～30mm长的涂覆层，用酒精棉球或纸将纤芯擦拭干净。剥除涂覆层时应避免损伤光纤。

（4）使用光纤切割刀切断光纤，制备的端面应平整，无毛刺、无缺损，与轴线垂直，呈现一个光滑平整的镜面区，并保持清洁。

（5）取光纤时，光纤端面不应触碰任何物体。端面制作好的光纤应及时放入熔接机V形槽内，并及时盖好熔接机防尘盖，放入熔接机V形槽时光纤端面不应触及V形槽底和电极，避免损伤光纤端面，如图1-3所示。

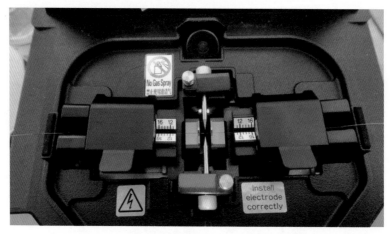

图 1-3　光纤放入 V 形槽

（6）光纤压板、光纤夹具及熔接机防风盖要小心轻放，防止压伤光纤。

（7）光纤熔接时，根据熔接机上显示的熔接损耗值和图形判断光纤熔接质量，熔接机显示接头图形应无错位、无气泡、无裂痕、无污点，不合格应重新熔接（熔接质量不合格图形如图 1-4 所示）。

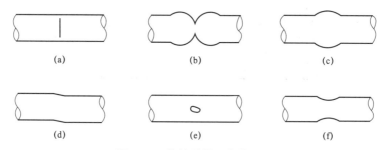

图 1-4　熔接质量不合格图形
（a）连接痕迹；（b）球状；（c）变粗；（d）轴偏移；（e）气泡；（f）变细

（8）目测合格后，通知测量点用 OTDR 测量接续损耗，禁止盲接。

1.1.3.4　光纤接续损耗测量

光时域反射仪须经计量检测单位检测合格，并处于检测有效期内。OTDR 测量的接续点双向损耗平均值为该点的实际损耗值。

（1）根据现场光缆展放进度，确定光缆接续监测点。

（2）测量前要设置合适的仪表测量参数，包括测量范围、光波波长、脉冲宽度、光纤折射率、测量时长等。

（3）对熔接点接续损耗进行实时监测时，在条件具备情况下宜进行双向测量，记录接续点距测量点的长度和接续损耗，接续损耗双向测量一般有以下两种方法：

1）远端环回。50km 之内采用远端环回测量，在环回点把全部纤芯成对环回，在第 1 芯可以测量第 2 芯的反向值，在 2 芯可以测量第 1 芯的反向值，以此类推得到每根光纤的双向值。远端环回测量示意如图1-5所示。

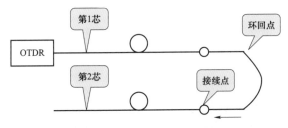

图1-5　远端环回测量示意

2）远端反向测量。50km以上采用远端反向测量，先使用OTDR在一端单向控制接续损耗，再由对端进行反向测量，两端汇总得到接续点的双向值。远端反向测量示意如图1-6所示。

图1-6　远端反向测量示意

1.1.3.5　光纤熔接点的保护

光纤接续完成后，须采用补强热缩套管进行保护。纤芯接头在热缩套管内应顺直，放置在中央位置（见图1-7），热缩均匀且中间不得有气泡，否则应重新进行接续和热缩。热缩套管冷却后，才能从加热器中取出。

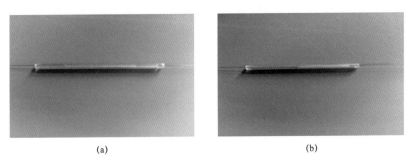

(a)　　　　　　　　　　　　　(b)

图1-7　热缩套管热缩质量示意
(a) 合格；(b) 不合格

1.1.3.6　盘纤

（1）盘纤盘热缩管卡槽应采用盖板、软（弹）性材料等限位措施，如图1-8所示，确保前后、左右、上下6个方向均固定牢固，并且不能增加光纤损耗；每张盘纤盘接续容量应与OPGW光缆单管光纤数量相匹配，配置热缩管数量应冗余10%以上；单层存纤盘深度不低于10mm。

（2）可以使用防水、耐油、弹性较好的密封胶进行粘合固定，推荐使用耐油硅酮密封胶，禁止使用 AB 胶，使用量不宜过多（见图 1-9），在距离热缩管端头 1cm 左右位置少量涂抹，待充分凝固后（一般不少于 15min，温度较低等天气情况下应进一步延长凝固时间）再盖上盖板，防止胶水溢出裹挟光纤。

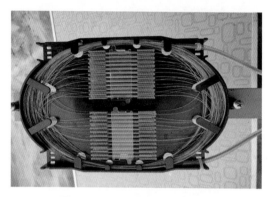 

图 1-8　接头盒盖板固定示例　　　　　　图 1-9　盘纤固定涂胶过多

（3）采用大芯数（大于 72 芯）OPGW 光缆时，应配套使用大容量存纤盘，单盘容量不少于 48 芯，单层存纤盘深度不低于 10mm，避免 1 根光单元需进入 2 张以上存纤盘才能完成熔接的需求的情况，实现 1 根光单元对应 1 张存纤盘，不存在交叉熔接。盒体应可容纳不低于 4 张盘纤盘，并根据工程需要最大满足 192 芯的接续要求。

（4）盘纤盘内余纤盘绕应整齐有序，且每圈大小基本一致，弯曲半径不应小于 40mm。余纤盘绕后应呈自然弯曲状态，不应有扭绞受压现象。

（5）每个接续点均要拍照存档备查，照片采用横幅并带有日期、地点、熔接塔位信息，必备照片包括盘纤固定后的照片（含接续责任卡）、接头盒密封后照片、余缆架及接头盒安装完成后的成品照片。

1.1.3.7　接续盒封装

接续盒应放入光缆接续责任卡（见表 1-1），密封良好，做好防水、防潮措施，封装方法按照厂家说明书操作。

表 1-1　　　　　　　　　　光 缆 接 续 责 任 卡

施工日期	年　　月　　日			
	天气		温度	
工程名称				
施工单位				
接续人				
施工杆塔号				

1.1.3.8 质量验收

（1）使用 OTDR 进行光纤接续损耗复测，避免盘纤或热缩时造成接续损耗增大，对接续损耗变大的光纤重新盘纤或重新熔接。

（2）窗口波长为 1550nm 光纤单点双向平均熔接损耗应小于 0.05dB，最大不应超过 0.1dB，全程大于 0.05dB 接头比例应小于 10%。

（3）分段绝缘 OPGW 在接续塔绝缘引下时，OPGW 与塔材及其附属设施的间距应大于 2 倍的放电间隙整定值且不小于 100mm。对要求光电分离的接续点，使用专用的引下卡具及特种光缆接续盒，不锈钢光单元管保留长度一般小于 50mm，保证两条 OPGW 电气上隔离。

（4）盘纤盘内余纤盘绕应整齐有序，且每圈大小基本一致，弯曲半径不应小于 40mm。

1.1.4 示例图片

光纤熔接示例如图 1-10 所示。

图 1-10 光纤熔接示例

1.1.5 主要引用标准

Q/GDW 10758—2018《电力系统通信光缆安装工艺规范》

Q/GDW 11948—2018《分段绝缘光纤复合架空地线（OPGW）线路工程技术规范》

国家电网公司信息通信分公司 2012-12《OPGW 光缆接续施工工艺质量规定》

1.2 余缆架及接续盒安装工艺

1.2.1 适用范围

本工艺适用于线路接续点余缆架及接续盒安装。

1.2.2 施工流程

余缆架及接续盒安装流程如图 1－11 所示。

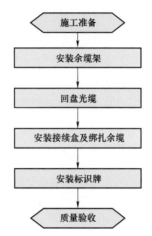

图 1－11 OPGW 余缆架及接续盒安装流程

1.2.3 工艺流程说明及主要质量控制要点

1.2.3.1 施工准备

（1）技术准备：

1）开展图纸会审、设计图纸交底及安全交底工作,所有施工人员签名形成书面交底记录。

2）施工人员应对施工图、施工规范进行学习,掌握施工技术重点、要点。

（2）材料准备：余缆架、绑扎线、标识牌、光缆引下线夹。

（3）人员组织：施工负责人,技术负责人,安全、质量负责人,登高作业人员。登高作业人员应具有特种作业证书,穿戴个人防护用品。

（4）机具准备：扳手、钢丝钳等。

1.2.3.2 安装余缆架

（1）在设计塔腿适当位置安装余缆架,光缆的余缆架安装在塔身内侧,在第一级平台上方 2～3m,安装牢固;针对钢管塔,余缆架应安装在第一级平台横材上（正面或侧面）。

（2）光电分离的接续点应使用两个余缆架分别固定 2 根余缆,余缆架使用专用绝缘金具固定,保证与杆塔绝缘。

（3）使用配套连接件固定余缆架,钢管塔使用配套的双硬抱箍安装固定。

1.2.3.3 回盘光缆

（1）根据余缆的挂高及重量合理分配人员,由余缆根部往杆塔上同时提拉 2 根余缆。

（2）盘缆人员和提缆人员要相互配合,均匀发力,提缆过程中注意光缆的泄力,防止光缆互相绞扭。

（3）光缆最小弯曲半径符合要求（一般为光缆外径的 40 倍）。

1.2.3.4 安装接续盒及绑扎余缆

（1）余缆盘绕应整齐有序，一般盘绕 4～5 圈，不得交叉和扭曲受力。盘绕后应用铝线等强度高、耐腐蚀、耐磨损材料绑扎，采用"米"字形 8 点绑扎，确保稳固美观。

（2）接续盒安装应可靠固定、无松动，宜安装在余缆架上方 1～3m 处，光缆接续盒应用连接件直接固定在铁塔主材内侧，安装在铁塔的第一级平台上方，接续盒方向与主材平行。

（3）光缆进入余缆架处和余缆架至接续盒的光缆应使用引下线夹固定良好，保证光缆固定引下线夹（卡具）安装间距为 1.5～2m，光缆不与杆塔摩擦。

（4）光缆拐弯处应平顺自然，保证 OPGW 的最小弯曲半径符合相关要求（一般为光缆外径的 40 倍）。

1.2.3.5 安装标识牌

（1）为便于运行维护，光缆接续盒应悬挂标识牌。

（2）标识牌的悬挂应确保牢固、美观。可使用金具将其固定在余缆架上，禁止在塔材上打孔。同一铁塔上有多个接续盒时，接续盒标识牌的悬挂应能够明确分辨其所对应的接续盒。

（3）标识牌的内容推荐使用如下格式：

1）第 1 行，资产所属单位简称/工程名称简称。

2）第 2 行，接续盒编号。

3）第 3 行，光缆芯数/光缆接续责任单位。

其中，工程名称简称应包含电压等级；接续盒编号应统一、顺序进行编号（包括 T 接/∏接部分），建议从小号塔到大号塔顺序增加；当接续盒所在铁塔光缆为 T 接光缆或∏接光缆时，应加以标明；在 T 接点，"光缆芯数"为主干线路光缆芯数。

（4）在光缆接续盒编号确定后，因其他原因需要在中间增加接续盒的，新增接续盒的编号可按如下方式确定：新增接续盒在 N 号接续盒和 $N+1$ 号接续盒中间，如靠近 N 号接续盒，可编为"$N+$"号，如靠近 $N+1$ 号接续盒，则可编为"$N+1-$"，如图 1-12 所示。

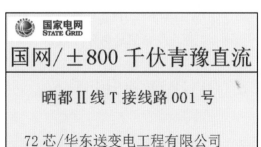

图 1-12　接续盒标识牌示例

1.2.3.6 质量验收

（1）余缆架、接续盒安装位置符合要求，安装牢固。

（2）余缆绑扎牢固，一般盘绕4～5圈，绑扎点为8点，光缆拐弯处平顺自然，光缆最小弯曲半径符合要求（一般为光缆外径的40倍）。

（3）保证光缆固定引下线夹（卡具）安装间距为1.5～2m，光缆不与杆塔摩擦。

（4）对于分段绝缘的OPGW中，要求光电分离的接续点，使用2个余缆架分别盘绕固定2根余缆，并使用专用绝缘金具固定，保证2条OPGW电气上隔离。

1.2.4 示例图片

示例图片如图1－13和图1－14所示。

图1－13　回盘光缆　　　　　　　　图1－14　塔上余缆架接续盒安装示例

1.2.5 主要引用标准

Q/GDW 10758—2018《电力系统通信光缆安装工艺规范》

Q/GDW 11948—2018《分段绝缘光纤复合架空地线（OPGW）线路工程技术规范》

国家电网公司信息通信分公司2012－12《OPGW光缆接续施工工艺质量规定》

1.3 OPGW 光缆引下工艺

1.3.1 适用范围

本工艺适用于线路光缆引下及安装。

1.3.2 施工流程

OPGW 光缆引下施工流程如图 1-15 所示。

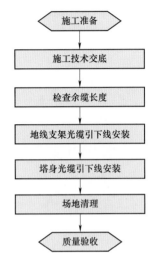

施工准备

施工技术交底

检查余缆长度

地线支架光缆引下线安装

塔身光缆引下线安装

场地清理

质量验收

图 1-15 OPGW 光缆引下施工流程

1.3.3 工艺流程说明及主要质量控制要点

1.3.3.1 施工准备

（1）材料准备：光缆引下线线夹、光缆专用零星材料金具等，所用材料符合设计要求。

（2）技术准备：安全交底、核对施工图、核对厂家安装指导手册及工程的相关规范，编制作业指导书，确认工艺符合设计及工程要求。

（3）人员组织：施工负责人、现场安全员、高处作业人员、地面人员。

（4）机具准备：光缆切割机（圆口剪刀或液压钳）、引下线安装工具、滑车、对讲机、接地线、$\phi16$ 棕绳、活动扳手、钢卷尺、尼龙扎带、工具包等。

1.3.3.2 检查余缆长度

作业前应检查预留光缆长度（留够光缆从挂线点穿过地线横担到塔身部位长度加上塔身内侧引到地面余留 10～15m）。

1.3.3.3 光缆引下线安装

所有光缆引下线应全部由铁塔主材内侧引下，引下线夹安装在铁塔主材的内侧，安装间距为 1.5～2m。光缆引下线夹具固定光缆时，应控制光缆走向，引下线线夹应自上而下进行安装，光缆转向时弯曲半径不得小于缆径 40 倍，安装引下线时禁止与塔材发生摩擦碰撞。必要时，应增加引下夹具。安装完毕的引线应自然顺畅、横平竖直，两引下线线夹之间的引线要拉紧无缠绕，不得产生风吹摆动碰触现象。线路钢管塔用接头盒及余缆架应采用双硬抱箍固定，线路处引下卡具可采用软抱箍，软抱箍尺寸不得小于 1mm×20mm，光缆在过法兰或连板时，采用加长型引下线夹，杜绝使用钢带固定。

（1）接续型 OPGW 跳线安装示意见图 1-16。接续型（非引下线跳线）的安装应将 2 个耐张金具间的光缆用引下线夹（卡具）固定在铁塔上，光缆应圆滑地过渡，引下线夹（卡具）安装间距为 1.5～2m。

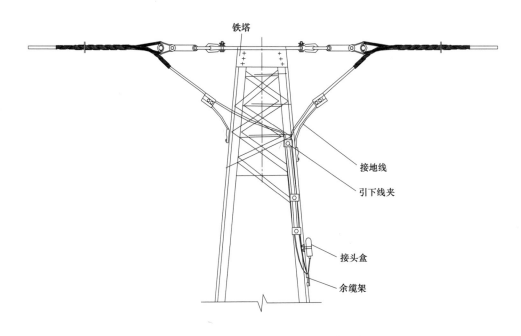

图 1-16 接续型 OPGW 跳线安装示意

（2）OPGW 耐张线夹安装后，光缆接续塔即可进行引下线安装。将接续塔两侧光缆按设计要求沿塔腿主材内侧引下，注意保护光缆不得扭曲、打金钩和受其他损伤。两侧光缆引下时不得交叉，引下线卡具的安装间距宜均匀紧固，引下线安装应横平竖直、工艺美观。

（3）采用分段绝缘式安装的 OPGW 光缆在绝缘引下时，应采用绝缘型引下线安装，以确保 OPGW 光缆与塔身绝缘。OPGW 应按设计要求安装放电间隙，放电间隙与绝缘子并联安装。安装引下卡具分角钢塔用、钢管塔用两种，角钢塔用线夹和绝缘子，钢管塔用抱箍和绝缘子。引下线夹（卡具）安装间距为 1.5～2m，引至接头盒固定位置。

（4）线路钢管塔用接头盒及余缆架应采用双硬抱箍固定，如图 1-17 所示；线路处引下卡具可采用软抱箍，软抱箍尺寸不得小于 1mm×20mm，如图 1-18 所示，杜绝使用钢带固定，如图 1-19 所示。

1.3.3.4 场地清理

光缆引下线安装完成后，整理好工器具，回收现场垃圾，使施工现场恢复整洁。

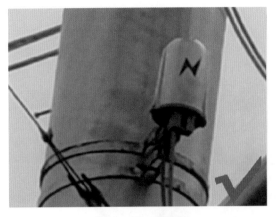

图 1-17 硬抱箍

图 1-18 软抱箍

图 1-19 钢带

1.3.3.5 质量验收

（1）引下线应从铁塔主材内侧引下，弯曲半径应不小于 40 倍光缆直径。

（2）引下线夹（卡具）固定在塔材上，其间距为 1.5～2m。

（3）引下线夹（卡具）的安装，应保证引下线顺直、圆滑，不得有硬弯、折角。

（4）引下线夹（卡具）要自上而下安装，卡具固定在突出部位，不得使余缆线与塔材发生摩擦碰撞，安装距离在 1.5～2m 范围之内，螺栓紧固扭矩应符合该产品说明书要求。在光缆与塔身可能有摩擦的部分和转弯处应增加引下线夹。

（5）引下线要自然顺畅，两固定夹具间的引下要拉紧。

（6）地线顶架处的光缆从地线支架内部沿下平面塔材引至塔腿内侧。

（7）采用分段绝缘式安装的 OPGW 光缆在引下时，应确保光缆与角钢塔或钢管塔塔身的绝缘。

1.3.4 示例图片

示例图片如图 1–20 所示。

图 1–20 OPGW 引下线示例

1.3.5 主要引用标准

GB 50169—2016《电气装置安装工程接地装置施工及验收规范》

DL/T 5344—2018《电力光纤通信工程验收规范》

Q/GDW 1153—2012《1000kV 架空送电线路施工及验收规范》

Q/GDW 10758—2018《电力系统通信光缆安装工艺规范》

Q/GDW 11948—2018《分段绝缘光纤复合架空地线（OPGW）线路工程技术规范》

1.4 一体式站内 OPGW 光缆引下接地工艺

1.4.1 适用范围

本工艺适用于国内电网新建、技改的高压、超高压、特高压等，各电压等级变电站（所）。

1.4.2 施工流程

OPGW 余缆架及接续盒安装流程如图 1–21 所示。

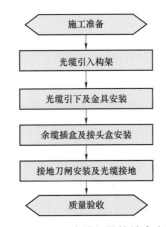

图 1-21　OPGW 余缆架及接续盒安装流程

1.4.3　工艺流程说明及主要质量控制要点

1.4.3.1　施工准备

（1）现场勘测：

1）熟悉施工图纸或 OPGW 光缆施工图说明书，了解光缆引下及接地施工地点环境、塔型等。

2）核实光缆及配套金具，确认满足工程建设需要。

（2）技术准备：熟悉施工图纸、作业指导书，进行安全技术交底。

（3）人员及工器具准备：根据施工组织设计，施工负责人、技术负责人、安全质量人员按要求组织到位，必要的工器具准备完毕。

1.4.3.2　光缆引入构架

OPGW 光缆进站引下及接地工艺如图 1-22 所示。

OPGW 光缆在引入变电站门构架时，在门构架杆塔顶部采用 OPGW 放电间隙限压装置进行接地，放电间隙限压装置采用电力工程标准镀锌抱箍安装在构架杆上，如图 1-23 所示。放电间隙限压装置采用 10kV 绝缘子串，间隙大小为 2mm，不同放电间隙对应的工频放电电压见表 1-2。

表 1-2　　　　　　　　　　不同放电间隙对应的工频放电电压

放电间隙（mm）	2	6	10
工频放电电压（kV）	5.6	10.1	16.6

1.4.3.3　光缆引下及金具安装

（1）OPGW 光缆引下采用双抱箍式绝缘紧固件进行固定，双抱箍式绝缘紧固件由电力工程标准镀锌抱箍与 10kV 针式绝缘子组合而成，可以适用于交直流不同电压等级工程，长度不宜过长，禁止使用钢带，如图 1－24～图 1－26 所示。

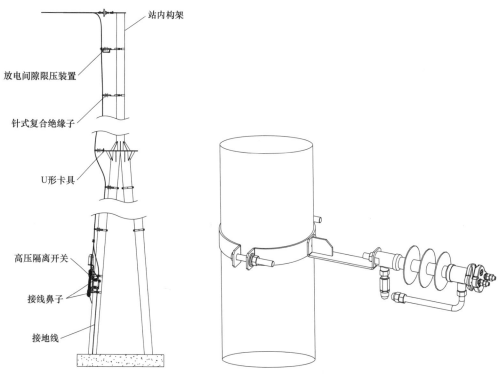

站内构架

放电间隙限压装置

针式复合绝缘子

U形卡具

高压隔离开关

接线鼻子

接地线

图 1－22　OPGW 光缆进站引下及
接地工艺整体示意

图 1－23　OPGW 放电间隙限压装置安装示意

图 1－24　门架处引下卡具、接头盒及余缆架双硬抱箍＋绝缘子固定

图 1-25　绝缘子长度过长

图 1-26　钢带固定

（2）在杆塔法兰盘或横梁平台处，采用卡式绝缘紧固件固定，保证引下光缆与杆塔构架凸出金属部分间距不小于 100mm，卡式绝缘紧固件由 10kV 针式绝缘子和 U 形卡扣组合而成，如图 1-27、图 1-28 所示。

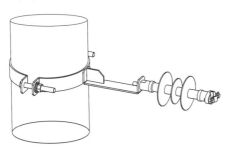

图 1-27　抱箍式绝缘紧固件安装示意

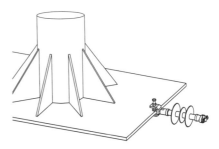

图 1-28　卡式绝缘紧固件安装示意

（3）为避免风摆造成 OPGW 引下缆受损，根据杆塔型号及高度，每隔 1.5～2m 安装一个绝缘紧固件。

（4）OPGW 缆应沿门构架塔腿外侧引下，平顺自然，保证 OPGW 的最小弯曲半径符合相关要求（一般为光缆外径的 40 倍）。

1.4.3.4　余缆架及接续盒安装

（1）余缆架及接续盒安装采用一体式背架，背架与杆塔构架间采用标准镀锌抱箍进行固定，一般叉缆盘下沿距离地面高度 2m，方便人员安装和操作。

（2）绝缘余缆叉通过热镀锌螺栓安装固定在背架上，接续盒通过绝缘安装板安装在背架上，如图 1-29 所示。

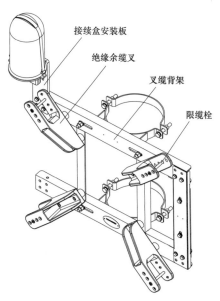

图 1－29　余缆架及接续盒安装示意

（3）余缆盘绕应整齐有序，不得交叉扭曲受力，光缆弯曲半径应不小于 40 倍光缆直径。余缆固定采用绝缘余缆叉及限缆栓。余缆叉采用 SMC 材料制成，耐腐蚀，机械性能强，绝缘电阻不小于 50MΩ，工频耐压不低于 4.2kV。余缆绑扎材料宜采用铝线等强度高、耐腐蚀、耐磨损材料，绑扎点 6～8 处。

1.4.3.5　隔离开关安装

隔离开关通过热镀锌底座固定在叉缆背架上，如图 1－30 所示，开关型号 HGW9－12/630。

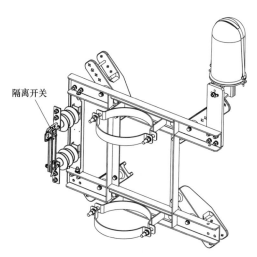

图 1－30　隔离开关安装示意

1.4.3.6 光缆接地安装

（1）接地线应选择具有良好的导电性的铝绞线，外套绝缘护套，截面与 OPGW 光缆相同。

（2）与隔离开关连接的接地线接头应压接铜铝过渡鼻子，与并沟线夹连接的接地线接头可不压过渡鼻子，其他连接接头处统一压接铝鼻子。

（3）OPGW 引下缆在入余缆叉前 40cm 左右处及进接续盒前 10cm 左右处，用铝异型并沟线夹与接地线连接，接地线连接到隔离开关进线端，隔离开关出线端用接地线与杆塔下部接地端子（接地螺栓）可靠连接。

（4）正常运行时，隔离开关闭合，保证可靠接地，需测量变电站接地电阻时将隔离开关断开。

（5）从一体式余缆架至接地端子采用接地扁钢设计，并涂醒目的黄绿色油漆。构架塔腿处接地端子应为双孔，与接地扁钢采用双螺栓固定，如图 1-31 所示；不能单螺栓固定，如图 1-32 所示。

图 1-31 豫南站一体式余缆架、接地扁钢
及双螺栓固定示例

图 1-32 单螺栓固定

1.4.3.7 站内构架处光缆施工"一张图"设计

站内构架处光缆接续涉及线路、站内土建、电气、通信多个专业，各专业分别按照各自的施工图纸施工，施工界面不明确造成的推诿扯皮、各自工艺不满足通信要求等情况时

有发生。为了减少由于涉及多个专业，施工界面不明确造成的安装不合理、各自工艺不规范、增加损坏光缆风险等情况（见图 1-33～图 1-36），要求设计单位对特高压站点进行光缆引下一张图设计，将几个专业施工界面和工艺要求直观清晰地展示在一张图纸中，并落实到各专业施工图纸中，如图 1-37 所示。

图 1-33　未使用双硬抱箍 + 绝缘子

图 1-34　引下钢管过短、接地未使用专用接地线

图 1-35　引下钢管紧贴塔腿

图 1-36　光缆引下和引下钢管不在同一塔腿

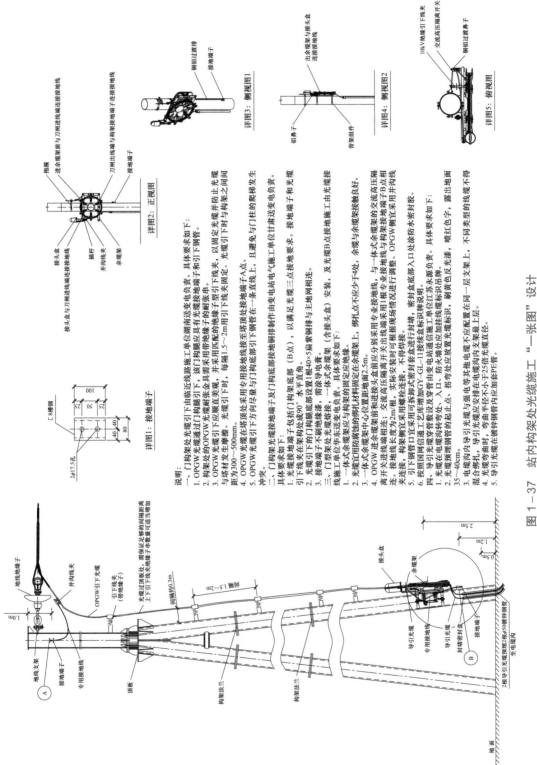

图1-37 站内构架处光缆施工"一张图"设计

1.4.3.8 质量验收

（1）引下线应沿架构引下，OPGW 的弯曲半径应不小于 40 倍光缆直径。引下线应顺直、圆滑，不得有硬弯、折角。

（2）引下线固定应采用绝缘紧固件，引下线与杆塔间距不小于 100mm，绝缘紧固件安装间距为 1.5～2m。

（3）引下线要自然顺畅，两固定夹具间的引下线要拉紧。

（4）构架处叉缆盘安装高度应符合设计要求，下沿距地面高度 2m 为宜。接续盒安装固定可靠、无松动、防水密封措施良好。

（5）OPGW 引下线在入余缆叉前 40cm 左右处及进接续盒前 10cm 左右处，应用铝异型并沟线夹与接地线连接，接地线连接到隔离开关进线端，隔离开关出线端用接地线与杆塔下部接地端子（接地螺栓）可靠连接。

（6）接地线应选择具有良好导电性的铝绞线，外套绝缘护套，截面与 OPGW 光缆相同。

（7）接地线与杆塔的连接应接触良好，顺畅、美观，并便于运行测量及检修。

1.4.4 示例图片

示例图片如图 1-38～图 1-40 所示。

图 1-38 放电间隙、绝缘子引下金具、隔离开关、绝缘余缆架

图 1-39 余缆叉接续盒安装示例

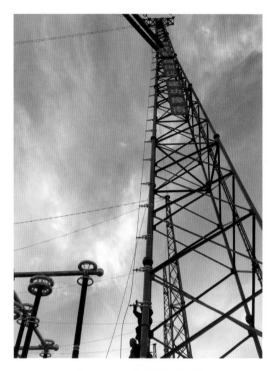

图 1-40 光缆引下示例

1.4.5 主要引用标准

GB 50233—2014《110kV～750kV 架空送电线路施工及验收规范》

DL/T 1378—2014《光纤复合架空地线（OPGW）防雷接地技术导则》

DL/T 5343—2018《110kV～750kV 架空输电线路张力架线施工工艺导则》

Q/GDW 10758—2018《电力系统通信光缆安装工艺规范》

2 站内光缆布放工艺

2.1 交接箱安装工艺

2.1.1 适用范围

本工艺适用于换流站、变电站或者中继站构架处采用光缆交接箱进站。

2.1.2 施工流程

交接箱安装流程如图 2-1 所示。

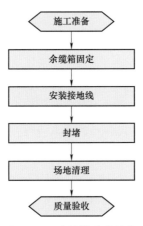

图 2-1 交接箱安装流程

2.1.3 工艺流程说明及主要质量控制要点

2.1.3.1 施工准备

（1）材料准备：根据设计和规范要求订购相应规格的余缆架和交接箱，包括接地引下线、垫片、接地装置螺栓等。

（2）技术准备：审核施工图，确定交接箱安装位置，根据合同要求及设计订购相应材质、规格及数量的余缆架和交接箱，准备接地引下线及固定夹具。

（3）人员组织：施工负责人、技术负责人、现场安全员、安装技能人员。

（4）机具准备：钢卷尺、扳手、断线剪、切割机等。

2.1.3.2 交接箱固定安装

（1）首先将光缆交接箱固定在钢筋混凝土结构基础上，交接箱底座需每边大 2cm，用 4 根 M10 螺栓固定箱体。

（2）使用吊锤调整交接箱垂直度。

2.1.3.3 接地线安装

（1）将底座内接地铜排从箱体内引出与箱体内接地母排可靠连接。

（2）将箱体外部接铜排与箱体外接地点可靠连接。

（3）箱体内部，OPGW 光缆进接续盒前，光缆接地线安装应一头用并沟线夹与 OPGW 光缆固定，一头用螺栓把接地端固定在接地母排。

（4）OPGW 光缆进入引下钢管前，光缆接地线安装应一头用并沟线夹与 OPGW 光缆固定，一头用螺栓接地端固定在接地端子上。

（5）为了准确测量接地电阻，OPGW 光缆进入引下钢管应穿 PE 管至余缆箱，并做好密封处理。

2.1.3.4 封堵

交接箱的出入口用防火泥进行封堵，防止交接箱进水、进灰。

2.1.3.5 场地清理

交接箱安装完成后，整理好工器具，回收材料，清理现场垃圾，使施工现场恢复整洁。

2.1.3.6 质量验收

（1）余缆盘绕应整齐有序，不得交叉扭曲受力，盘绕后应使用铝线或不锈钢抱箍捆绑，8 点捆绑，每条光缆盘留量应不小于光缆放至地面加 15m，同时应符合设计要求。

（2）OPGW 光缆、引入光缆的弯曲半径应不小于 40 倍的光缆直径。

（3）OPGW 光缆从构架引入进入引入钢管前要有接地。

（4）在交接箱内，接续盒处的接地与交接箱内接地要牢靠、美观。

（5）交接箱余缆架上，OPGW 光缆与进站光缆应分别盘在两个余缆架上，不能交叉，并固定牢固。

（6）由引下钢管至余缆箱的 PE 管，在余缆箱基础内最低点 PE 管需开一小孔便于排放 PE 管内积水。

2.1.4 示例图片

示例图片如图 2-2～图 2-5 所示。

图 2-2 交接箱内接地图

图 2-3 交接箱引入钢管及接地封堵

图 2-4 交接箱内 A 缆余缆回盘及封堵工艺

图 2-5 交接箱内 O 缆余缆回盘

2.1.5 主要引用标准

GB/T 2423.17—2008《电工电子产品环境试验 第 2 部分：试验方法 试验 Ka：盐雾》

GB 50169—2016《电气装置安装工程 接地装置施工及验收规范》

Q/GDW 10758—2018《电力系统通信光缆安装工艺规范》

2.2 预埋钢管防积水工艺

2.2.1 适用范围

本工艺适用于换流站和变电站构架杆塔导引光缆预埋引下钢管施工。

2.2.2 施工流程

预埋钢管防积水施工流程如图2-6所示。

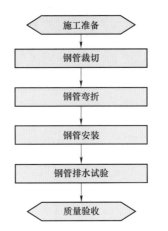

图2-6 预埋钢管防积水施工流程

2.2.3 工艺流程说明及主要质量控制要点

2.2.3.1 施工准备

（1）材料准备：根据施工图和安装位置，选取符合尺寸的引下抱箍、镀锌钢管、防锈漆、银灰漆、水泥、电焊条、砖块；引下抱箍、镀锌钢管外表面完整，无锈蚀。

（2）技术准备：核对施工图，确认安装位置和方式符合设计及规范要求；引下抱箍与杆塔和镀锌钢管安装位置尺寸匹配。

（3）人员组织：技术人员，安全、质量负责人，施工人员。

（4）机具准备：专用弯管机、切割机、开挖工具、电焊机等安装所需的工器具。

2.2.3.2 引下钢管的制作

（1）根据施工图，使用切割机裁取符合长度的镀锌钢管，并在待弯折的位置用记号笔做好标记。

（2）将镀锌钢管固定在弯管机上，弯管位置与弯管中心对齐，弯管角度应大于90°以确保能放坡敷设，以便于钢管内积水排出，严格按照弯管机使用手册操作，启动弯管机进行引下钢管制作，钢管弯曲半径不小于 25 倍钢管直径，以便于光缆敷设。

（3）引下钢管的制作宜只进行一次弯折。

（4）钢管长度不够需要连接时，应采用套接焊接方式，焊接处进行防锈处理，如图 2–7 所示。

图 2–7　引下钢管地埋段套焊连接图

（5）检查制作好的引下钢管弯管位置无明显变形，确保导引光缆及保护管穿放顺畅；检查弯管制作过程中热镀锌层是否受损，受损的应做防锈处理。

2.2.3.3　引下钢管的敷设

（1）引下钢管安装在 OPGW 引下的构架侧，下端口朝向电缆沟。

（2）引下钢管与构架杆塔上下平行安装，高度距离地面 1200～1500mm，安装间距 300～400mm，引下钢管与抱箍间衬垫绝缘橡胶，如图 2–8 所示。

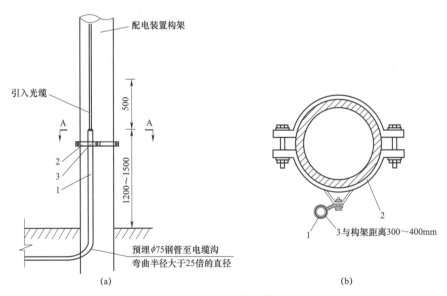

图 2–8　引下钢管安装示意

（a）引下钢管；（b）A–A 剖面

1—引下钢管；2—引下抱箍；3—小抱箍

（3）钢管的地埋段需采用放坡敷设，以合适的放坡坡度向电缆沟（或落地余缆箱）倾斜，以便于钢管积水排出，下端口与电缆沟壁齐平，且与接地网有效连接。

（4）引下钢管与构架按规定距离固定时，若弯折处位于构架保护帽以内的，敷设时宜预埋进保护帽。

（5）电缆沟与安装引下钢管的构架间距不宜过大，一般不超过5m。

（6）引下钢管封堵前应进行排水试验，确保预埋钢管内积水能及时排出。

（7）监理单位需留存埋管隐蔽工程相关照片。

（8）回填钢管地埋段的封土和石料，将施工作业区的施工遗留物、垃圾、杂物清理干净。

（9）为了满足站内光缆"双路由"的要求，需制作满足现场实际需求数量的引下钢管，以两根引下钢管为例，如图2-9所示，两根引下钢管距离塔腿间距一般为6～10cm，两根钢管之间距离6～10cm，根据铝合金封堵盒的尺寸而定。

（10）应在埋管上方设置光缆标石，标石应使用玻璃钢等使用寿命长的材质，标石应在直线埋管的两端以及拐弯处设置，并能清晰展示出光缆路径走向，如图2-10所示。

图 2-9　双引下钢管示例

图 2-10　光缆标石示例

2.2.4　质量验收

（1）引下钢管弯管角度是否大于90°。

（2）钢管套接焊接处是否进行防锈处理。

（3）引下钢管与构架杆塔是否平行，安装高度是否满足要求。

（4）引下钢管与构架的固定是否牢固，安装间距是否满足要求。

（5）地埋段钢管敷设放坡坡度是否满足要求。

（6）地埋段钢管是否无积水。

（7）钢管下端口与电缆沟壁浇筑是否牢固、齐平。

（8）施工设计图纸、设计变更、施工安装记录、隐蔽工程照片等工程资料完整。

2.2.5 示例图片

示例图片如图 2－11 所示。

图 2－11 站内光缆引下示例

2.2.6 主要引用标准

GB 50168—2018《电气装置安装工程 电缆线路施工及验收规范》

DL/T 5027—2015《电力设备典型防范规程》

DL/T 5161—2018（所有部分）《电气装置安装工程质量检验及评定规程》

2.3 导引光缆敷设与穿管保护工艺

2.3.1 适用范围

本工艺适用于换流站和变电站导引光缆敷设施工。

2.3.2 施工流程

导引光缆敷设与穿管保护施工流程如图 2－12 所示。

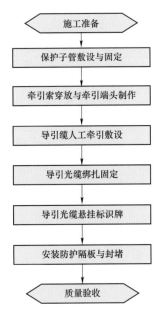

图 2-12 导引光缆敷设与穿管保护施工流程

2.3.3 工艺流程说明及主要质量控制要点

2.3.3.1 施工准备

（1）材料准备：根据施工图和工程量清单，确定所需的导引光缆、光缆保护子管的长度及相应安装附件的数量；导引光缆应采用非金属防火阻燃光缆，光缆保护子管应采用耐高温、阻燃的硅芯管或 PE 等管材；材料进场后进行外观检查，光缆外护套光滑、无破损、无弯折；保护子管表面光洁、厚度均匀、无变形。

（2）技术准备：核对施工图，确认导引光缆在沟道内的敷设位置和施工符合设计及规范要求；导引光缆和保护子管必须具有质量合格检测报告。

（3）人员组织：技术人员，安全、质量负责人，施工人员。

（4）机具准备：缆盘放线支架、牵引器材、通信对讲机等安装所需的工器具等。

2.3.3.2 保护子管的敷设

站内导引光缆敷设，如电缆沟内有槽盒，则在槽盒中直接敷设；如电缆沟内无槽盒，则需穿 PE 保护子管再敷设。在导引光缆敷设前，在光缆敷设路径户外沟道内先预敷设一根保护子管。保护子管敷设工艺应符合以下要求：

（1）保护子管应与一次动力电缆分开（分层分侧）布放，在沟道内宜采取上下横向加装防护隔板、竖井内宜采取左右纵向加装防护隔板等措施进行有效隔离，具备条件的站点宜采取分沟道（竖井）布放。

（2）在站内沟道中敷设保护子管，保护子管应沿电缆沟下层支架（或按设计要求）平直布放，敷设位置应全线保持在沟道的同一侧，不得任意交叉变换，并分段固定在沟道支架上，不得与电力电缆扭绞。

（3）保护子管在沟道内连续敷设长度不宜超过 200m，在沟道转角处确保保护子管有足够的弯曲半径。

（4）保护子管敷设完毕应将管口作临时封堵，短期内不用预放的保护子管必须在管端安装堵头。

2.3.3.3 导引光缆的敷设

站内导引光缆采用人工方式敷设，人工敷设方法的要点是在统一指挥下尽量同步牵引，牵引时一般为集中牵引与分散牵引相结合，即集中人力在前边拉牵引索、沿途沟道转角处有 1～2 人助力牵引。

导引光缆管敷设工艺应符合以下要求：

（1）导引光缆的缆盘用放线支架放置在靠近构架引下钢管的电缆沟道口。

（2）在预放的保护子管内穿放牵引索，现场制作光缆牵引端头，为防止在人工牵引过程中扭转损伤光缆，光缆牵引端头与牵引索之间应加装退扭器，光缆牵引端头体积要小，确保在保护子管内穿放顺畅。

（3）布放光缆时，光缆必须由缆盘上方放出并保持松弛的弧形；在引下钢管的上下出入口及每个转角拐弯处均应设专人监护，光缆布放过程中应无扭转，严禁打背扣、浪涌等现象发生。

（4）人工牵引敷设时，速度要均匀，一般控制在 10m/min 左右为宜，且光缆一次牵引长度不大于 500m。若光缆路径过长时，应在沟道转角处采取"∞"字形盘绕法分段敷设。

（5）光缆敷设的静态弯曲半径应不小于光缆外径的 15 倍，敷设过程中的动态弯曲半径应不小于光缆外径的 25 倍；布放光缆的牵引力不应超过光缆最大允许张力的 80%，瞬间最大牵引力不得超过光缆的最大允许张力。

（6）导引光缆进入户内电缆层桥架和站内机房线槽时，应敷设在弱电线槽（桥架）侧，并与原有线缆走向排列一致，再进行绑扎固定，绑扎后的线缆应互相紧密靠拢，外观平直整齐，绑扎时应使用同色扎带，且绑扎的方向和样式一致，线扣间距均匀，松紧适度。

（7）导引光缆的余缆应放入余缆箱（架），机房侧余缆应留在电缆层、防静电地板下或沟道内；小动物活动频繁区域的导引光缆余缆不应裸露在外，应固定在落地式余缆箱内或采取其他相应的防护措施，避免导引光缆被小动物等外力破坏。

（8）在导引光缆沿途的直线沟道每 10～20m、两端、沟道转弯处、沟道防火墙两侧、户内电缆层及机房进出口处悬挂标识牌。

（9）导引光缆敷设完成后，在引下钢管的上下端口、沟道防火墙、进入户内穿管敷设的管道两端应做好封堵密封，光缆保护子管端口进行密封防潮处理；

（10）将施工作业区的施工遗留物、垃圾、杂物清理干净。

（11）为了便于导引光缆敷设，光缆引下埋管路径连续转两个 90° 弯或直线距离超过

30m 时需设置手井。

2.3.3.4 标识牌及绑扎线材质要求

（1）导引光缆的挂牌材质：一般用 PVC 材质的硬牌,标牌打印前设置好标牌显示内容,按照规范标注好光缆名称、型号、起点、终点等内容,并由专用的硬标牌打印机打印出来,如有特殊要求，则按地方标准及要求执行，例如采用铝合金材质的标识牌。

（2）挂牌位置：一般在光配屏固定板处进入机房的管道口处、竖井、电缆沟转弯处两侧、防火墙处、引下钢管上下两端处需要挂牌，电缆沟内直线距离每隔 10～20m 左右悬挂一块标牌。

（3）标牌绑扎所用材料：一般在机房内用普通扎带进行绑扎；电缆沟内及引上钢管处用塑料外护套的扎线进行绑扎标牌。

2.3.3.5 光缆井安装

为了防止钢管预埋深度过浅，导引光缆敷设过程中，根据现场情况可考虑建设光缆井，并以手孔井为宜，手孔规格应符合 YD/T 5178—2017《通信管道人孔和手孔图集》的相关规定及设计要求，水泥选择、地基与基础、墙体、口圈、井盖、井底、泄水孔应符合相关标准及设计要求。站内架构处光缆从引下钢管先进光缆井，然后再进到电缆沟。高寒地区、构架至电缆沟距离大于 1.5m 等情况可考虑建设光缆井。

2.3.4 质量验收

（1）保护子管与一次动力电缆是否分层分侧布放，在沟道内上下层横向间是否加装防护隔板、竖井内左右纵向间是否加装防护隔板等进行有效隔离。

（2）导引光缆在户外沟道内无槽盒部分是否穿放 PE 保护子管。

（3）导引光缆在沟道转角处弯曲半径不小于 15 倍光缆外径。

（4）导引光缆在引下钢管的上下出入口、进入户内桥架及机房线槽进出口处是否扭曲、外护套破损，弯曲半径是否过小。

（5）导引光缆在户内电缆层桥架和站内机房线槽排列是否平直整齐，与其他线缆走向是否一致。

（6）导引光缆余缆盘绕及存放是否符合要求，余缆的防护措施是否完善。

（7）引下钢管的上下端口、沟道防火墙、进入户内穿管敷设的管道两端封堵是否平整密封。

（8）导引光缆的标识牌字迹是否清晰、规范，标识牌悬挂点及间距是否符合要求，钢管埋设路径上是否设置地埋光缆标石或标牌。

（9）工程资料应包括施工设计图纸、设计变更、施工安装记录、产品说明书及合格证等。

2.3.5 示例图片

示例图片如图 2-13～图 2-18 所示。

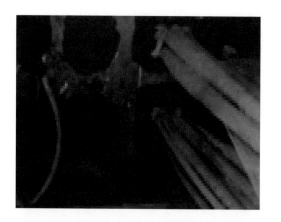

图 2-13 穿管敷设的管道端防火泥封堵示例

图 2-14 站内防火封堵示例

图 2-15 机房线槽光缆敷设示例

图 2-16 PVC 标识牌及内容示例

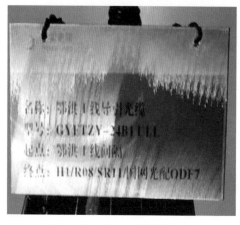

图 2-17 铝合金标识牌示例

图 2-18 转弯处标牌悬挂示例

2.3.6 主要引用标准

Q/GDW 10758—2018《电力系统通信光缆安装工艺规范》

Q/GDW 10759—2018《电力系统通信站安装工艺规范》

2.4 预埋钢管封堵工艺

2.4.1 适用范围

本工艺适用于换流站和变电站终端杆塔导引光缆预埋引下钢管施工。

2.4.2 施工流程

预埋钢管封堵施工流程如图 2–19 所示。

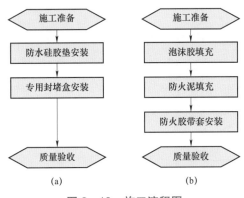

图 2–19 施工流程图

（a）防水封堵盒；（b）防火泥式

2.4.3 工艺流程说明及主要质量控制要点

2.4.3.1 施工准备

（1）材料准备：统计安装位置，确定所需的封堵材料及安装附件数量并准备材料；材料进场后检查合格证、保质期等。

（2）技术准备：核对施工图，确认封堵位置和方式符合设计及规范要求；确认封堵材料具备国家相关机构检测合格证，满足设计要求。

（3）人员组织：技术人员，安全、质量负责人，施工人员。

（4）机具准备：加热设备、聚氨酯泡沫填缝剂、封堵材料等安装所需的工器具等。

2.4.3.2 防水封堵盒式封堵施工（推荐采用此封堵方式）

（1）根据导引光缆的缆径和引下钢管的外径，选择与之型号相匹配的专用防水封堵盒。

（2）标将硅胶异形垫垫于主副壳体凹槽位置（见图2-20）。

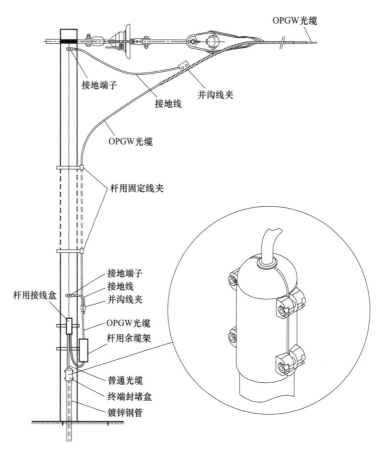

图2-20 导引光缆防水封堵装置安装示意

（3）将防水封堵盒在引下钢管上端管口处将封堵盒壳体的安装定位孔对齐。

（4）将内六角螺栓放置在耳板孔内，再用螺母旋紧固定。

（5）同时观察缝隙中硅胶异型垫的状态，直至硅胶异型垫充分挤紧。

（6）建议采用铝合金材质的防水封堵盒，相比塑料材质，具有质量小、抗老化、可拆卸等优点，如图2-21所示。

2.4.3.3 防火泥式防水封堵的施工（管径尺寸过大等不适宜采用封堵盒时，推荐采用此封堵方式）

（1）清洁钢管内壁，去除表面浮灰、油污。

（2）将聚氨酯泡沫填缝剂罐上下摇匀达1min，将喷嘴伸入钢管与保护子管空隙，离钢管上端口100～150mm处，按压喷嘴开关，直至泡沫填缝剂与钢管上端口齐平。

（3）静置1h，待泡沫固化后，用墙纸刀将多余部分清除。

图 2-21　一种铝合金专用防水封堵盒

（4）将防火泥软化后，对管口未填充部分进行封堵。

（5）用防水密封胶带套将钢管管口处进行缠绕，必要时可适当加热，以保证胶带与钢管管口密封良好。

2.4.4　质量验收

（1）检查安装的封堵材料（专用防水封堵盒）是否具备检测合格证，外观有否变形开裂。

（2）检查防水封堵盒的型号是否与导引光缆缆径和引下钢管的外径相匹配。

（3）检查防水封堵装置与导引光缆及引下钢管管口连接处是否密封，导引光缆是否有损伤。

2.4.5　示例图片

示例图片如图 2-22 和图 2-23 所示。

图 2-22　钢管填充泡沫胶后效果

图 2-23　钢管填充泡沫胶 + 防火泥后效果

2.4.6　主要引用标准

DL/T 5707—2014《电力工程电缆防火封堵施工工艺导则》
Q/GDW 10758—2018《电力系统通信光缆安装工艺规范》

2.5　站内双沟道改造工艺

2.5.1　适用范围

本工艺适用于双沟道基础工艺。县公司本部、县级及以上调度大楼、地（市）级及以上电网生产运行单位、220kV及以上电压等级变电站、省级及以上调度管辖范围内的发电厂（含重要新能源厂站）、通信枢纽站应具备两条及以上完全独立的光缆敷设沟道（竖井）。同一方向的多条光缆或同一传输系统不同方向的多条光缆应避免同路由敷设进入通信机房和主控室。

2.5.2　施工流程

站内双沟道改造流程如图2-24所示。

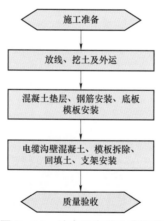

图2-24　站内双沟道改造流程

2.5.3　工艺流程说明及主要质量控制要点

2.5.3.1　施工准备

（1）材料准备：

1）钢材，所有铁件采用热镀锌防腐。

2）混凝土，电缆沟壁采用C30混凝土，垫层采用C15混凝土。

3）盖板，盖板钢筋采用HPB300、混凝土采用C30。

4）电缆支架，SMC复合型材料。

（2）技术准备：核对施工图纸，熟悉设计内容，确认位置、尺寸与设计是否相符。

（3）人员组织：技术人员，安全、质量负责人，施工人员。

（4）机具准备：弯曲机、切断机、钢筋调直机、冲击钻、钻孔器等。

2.5.3.2　放线、挖土及外运

（1）开挖电缆沟时，应合理确定开挖顺序、路线及开挖深度，然后分段分层平均下挖。

（2）开挖电缆沟时，不得挖至设计标高以下，如不能准确地挖至设计地基标高时，可在设计标高50cm以上暂留一层土不挖，以便在找平后，由人工挖出。

（3）修帮和清底。在距沟底设计标高处，找出水平线，钉上小木橛，然后用人工将暂留土层挖走。同时，由两端轴线（中心线）引桩拉通线（用小线或铅丝），检查距槽边尺寸，确定槽宽标准。以此修整槽边，最后清除槽底土方。槽底修理铲平后进行质量检查验收。

（4）开挖的土方，在场地有条件堆放时，一定留足回填需用的好土；多余的土方，应一次运走，避免二次搬运。

（5）在雨期施工时，应注意边坡稳定。必要时可适当放缓边坡坡度或设置支撑。同时，应在电缆沟外侧围以土堤或开挖水沟，防止地面水流入。经常对边坡、支撑、土堤进行检查，发现问题及时处理。

（6）在冬期施工采用防止冻结法开挖土方时，可在冻结以前，用保温材料覆盖或将表层土翻耕耙松，其翻耕深度应根据当地气候条件确定，一般不小于30cm。

（7）必须防止基础下的基土遭受水泡。应在基底标高以上预留适当厚度的松土，或用其他材料覆盖，如遇开挖土方引起邻近建筑物或构筑物的地基和基础暴露时，应采取相应措施。

2.5.3.3　钢筋安装

（1）钢筋网的绑扎，四周两行钢筋交叉点应每点扎牢，中间部分每隔一根相互成梅花式扎牢，双向主筋的钢筋必须将全部钢筋相互交点扎牢，注意相邻绑扎点的铁线扣要成八字形绑扎。

（2）基础底板采用双层钢筋网时，在上层钢筋网下面设置钢筋撑脚或混凝土撑脚，以保证上下层钢筋位置的正确和两层之间的距离满足要求。

（3）有180°弯钩的钢筋弯钩应向上，不要倒向一边；但双层钢筋网的上层钢筋弯钩应朝向下。

（4）独立柱基础的钢筋网双向弯曲受力，如图纸没有规定绑扎方法时，其短向钢筋应放在长向钢筋的上边。

（5）现浇柱与基础连接的其箍筋应比柱的箍筋缩小一个柱筋的直径，以便连接。

（6）墙的钢筋网绑扎同基础。钢筋有180°弯钩时，弯钩应朝向混凝土内。

（7）采用双层钢筋网时，在两层钢筋之间，应设置撑铁（钩）以固定钢筋的间距。

2.5.3.4　模板制作、安装

（1）安装顺序：放线→安底阶模→安底阶支撑→安上阶模→安上阶围箍和支撑→搭设模板吊架→检查、校正→验收。

（2）根据图纸尺寸制作每一阶级模板，支模顺序由下至上逐层向上安装，先安装底层阶级模板，用斜撑和水平撑钉稳撑牢；核对模板墨线及标高，配合绑扎钢筋及砂浆垫块，再进行上一阶模板安装，重新核对墨线各部位尺寸和标高，并把斜撑、水平支撑以及拉杆加以钉紧、撑牢，最后检查斜撑及拉杆是否稳固，校核基础模板几何尺寸、标高及轴线位置。

2.5.3.5　钢筋混凝土浇灌

（1）基础底板采用斜面分层的浇筑方法，且混凝土浇筑由远及近，随着混凝土浇筑，架子逐渐拆除。

（2）由于是大体积混凝土，为了防止温度裂缝及收缩裂缝出现，除了设计上采取措施外，在施工操作上控制浇筑层厚度，不大于500mm。

2.5.3.6　质量验收

工程资料应包括施工设计图纸、设计变更、施工安装记录等。

2.5.4　示例图片

示例图片如图2-25～图2-31所示。

图2-25　泥土及时清理

图2-26　底部人工开挖

图 2-27　钢筋绑扎

图 2-28　模板制作

图 2-29　保温措施

图 2-30　电缆沟清理

图 2-31　电缆沟成型

3 通信机房施工工艺

3.1 竖井封堵工艺

3.1.1 适用范围

本工艺适用于变电站、换流站和调度大楼弱电竖井封堵施工。

3.1.2 施工流程

竖井封堵流程如图 3-1 所示。

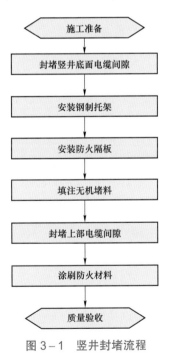

图 3-1 竖井封堵流程

3.1.3 工艺流程说明及主要质量控制要点

3.1.3.1 施工准备

（1）材料准备：统计安装位置，确定所需的有机堵料、无机堵料、耐火隔板、防火涂料及具有相应耐火等级的安装附件数量并准备材料；材料进场后进行外观检查，有机堵料不氧化、不冒油、软硬度适度；无机堵料不结块、无杂质；防火隔板平整光洁、厚度均匀。

（2）技术准备：核对施工图，确认封堵位置和方式符合设计及规范要求；防火封堵材料必须具有国家防火建筑材料质量监督检验测试中心提供的合格检测报告，并通过省级以上消防主管部门鉴定，且取得消防产品登记备案证书。

（3）人员组织：技术人员，安全、质量负责人，施工人员。

（4）机具准备：加热设备，小型手持式切割机，支架、防火材料等安装所需的工器具等。

3.1.3.2 竖井封堵施工

砖混竖井可按图 3-2 施工，钢制竖井可按图 3-3 施工。

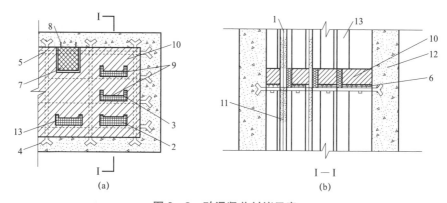

图 3-2 砖混竖井封堵示意

（a）横截面；（b）纵截面

1—电缆；2—柔性有机堵料或防火密封胶；3—柔性有机堵料；4—预埋件；
5—承托支架；6—耐火隔板；7—人孔；8—爬梯；9—备用电缆通道；10—无机堵料；
11—防火涂料；12—电缆竖井壁；13—电缆桥架

施工工艺应符合以下要求：

（1）将待堵处的建筑垃圾、施工遗留物及电缆表面清洁干净。

（2）将电缆束打开，采用柔性有机堵料或防火密封胶填充电缆间的缝隙。

（3）用柔性有机涂料包绕电缆束外围，其包绕厚度不小于 20mm。

（4）电缆竖井处的防火封堵一般采用角钢或槽钢托架进行加固，确保每个小孔洞的规格小于 400mm×400mm。

（5）按现场实际切割耐火隔板，在紧靠电缆处预留备用电缆通道。大型砖混电缆的封堵，在爬梯处按设计预留人孔，设计未要求时，应设置 800mm×600mm 的人孔。

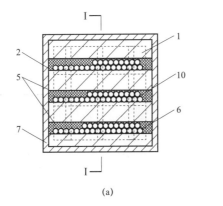
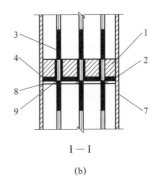

(a)   (b)

图 3－3　钢制竖井封堵示意图

（a）横截面；（b）纵截面

1—无机堵料；2—柔性有机堵料；3—防火涂料；4—耐火隔板；5—备用电缆通道；

6—电缆；7—钢制竖井；8—钢制竖井内主骨架；

9—承托支架；10—柔性有机堵料或防火密封胶

（6）将耐火隔板拼装、固定到支撑托架上，托架和耐火隔板的密度确保整体有足够的强度，承载能力符合设计要求。

（7）在耐火隔板备用电缆通道处，填充柔性有机堵料。

（8）人孔四周安装耐火隔板围挡，高度与封堵层厚度一致。

（9）采用柔性有机堵料严密封堵耐火隔板、桥架、电缆及竖井壁间的缝隙。

（10）将混合好的无机堵料填注至安装好的耐火隔板上，填注密实。填注厚度符合设计，无设计时不小于 240mm。

（11）无机堵料填注后在其顶部使用有机堵料将每根电缆分隔包裹，其厚度大于无机堵料表层 10mm，电缆周围的有机堵料宽度不得小于 30mm，呈几何图形，面层平整。

（12）封堵表面平整、封堵严密。增敷电缆完毕，应及时恢复防火封堵。

（13）在砖混竖井人孔处应安装耐火隔板盖板，缝隙封堵严密。

（14）在封堵的上、下两侧的电缆表面均匀涂刷电缆防火涂料，厚度不小于 1mm，长度不小于 1500mm。

（15）将施工作业区的施工遗留物、垃圾、杂物清理干净。

3.1.3.3　质量验收

（1）防火隔板安装牢固，无缺口、缝隙外观平整；有机堵料封堵严密牢固，无漏光、漏风裂缝和脱漏现象，表面光洁平整；无机堵料封堵表面光洁，无粉化、硬化、开裂等缺陷；防火涂料表面光洁、厚度均匀。

（2）工程资料应包括施工设计图纸、设计变更、施工安装记录、产品说明书及合格证等。

3.1.4 示例图片

示例图片如图 3-4 所示。

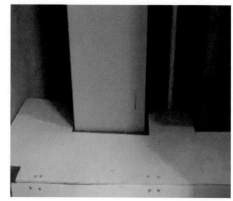

图 3-4 竖井封堵示例

3.1.5 主要引用标准

GB 50168—2018《电气装置安装工程 电缆线路施工及验收规范》

DL/T 5027—2015《电力设备典型消防规程》

DL/T 5161—2018（所有部分）《电气装置安装工程质量检验及评定规程》

DL/T 5707—2014《电力工程电缆防火封堵施工工艺导则》

3.2 机房冷通道封闭工艺

3.2.1 适用范围

本工艺适用于信息化机房冷通道封闭。县级及以上调度大楼、省级及以上电网生产运行单位、330kV 及以上电压等级变电站、省级及以上通信网独立中继站的通信机房应配备不少于两套具备独立控制和来电自启动功能的专用的机房空调，在空调"$N-1$"情况下机房温度、湿度应满足设备运行要求，且空调电源不应取自同一路交流母线。空调送风口不应处于机柜正上方，以防止漏水影响设备运行。

3.2.2 施工流程

机房冷通道封闭流程见图 3-5。

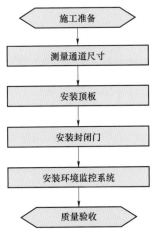

图 3-5 机房冷通道封闭流程

3.2.3 工艺流程说明及主要质量控制要点

3.2.3.1 施工准备

（1）技术准备：

1）开展图纸会审、设计图纸交底工作，所有施工人员签名形成书面交底记录。

2）施工人员应对施工图、施工规范进行学习，掌握施工技术重点、要点。

（2）材料准备：根据计划采购所需材料，对进场设备和材料进行开箱检查。包括以下条目：

1）按照到货清单、设计图纸清点材料、设备数量；封闭门、顶板的尺寸应与设计一致。

2）检查材料运输过程中有无损伤，若有损伤及时联系厂家更换。

3）封闭门应与机柜风格一致，与机房环境协调；封闭门材质应选 5mm 贴膜钢化玻璃，框架采用冷轧板制作，边框尺寸为 50mm，满足刚度和通透性的要求；封闭门涂覆层表面光洁、色泽均匀、无流挂、无露底；门板平整，无扭曲、无变形。

4）顶板尺寸符合设计要求，框架采用 1.5mm 厚冷轧板多道折弯焊接制作，天窗材质为 5mm 贴膜钢化玻璃，玻璃厚度均匀，通透性良好，胶条与玻璃结合紧密。

5）封闭门、顶板标志齐全、清晰，粘贴牢固，耐久可靠。

6）摄像头、烟雾传感器、温度传感器外表无划痕，摄像头防护罩通透性良好。

7）附属部件、涂覆层、标志、饰物等采用难燃或不燃材料；金属附件无毛刺、无锈蚀。

（3）人员组织：施工负责人，技术负责人，安全、质量负责人，焊工及安装技能人员。

（4）机具准备：电焊机、角钢切割机、型材切割机、电钻等。

3.2.3.2 测量通道尺寸

在机房安装冷通道部分进行实际测量，测量机柜高度、机柜列间距离、机房净空高度等，核对与设计图纸是否相符。

3.2.3.3 顶板安装

（1）顶板安装应从机柜列一侧开始，顺序安装。

（2）顶板与机柜安装牢固，顶板与机柜、顶板与顶板之间缝隙应密封良好，每一块顶板安装完成后应检查天窗的翻转是否灵活，翻转到位后应不晃动。

（3）成排顶板安装后，应处于同一水平面，水平偏差不超过 2mm。

（4）冷通道的"消防联动"控制线应正确接入消防系统，控制用的电磁铁应按设计图正确安装。

（5）打开后的天窗最低点到地面距离不小于 1900mm，不影响通道内人员通行。

（6）限位器保证活动天窗打开到 90°时，不转动。限位器应安装弹性橡胶垫，防止活动天窗被撞坏。

3.2.3.4 封闭门安装

（1）冷通道两端各装有一套封闭门，封闭门的类型应与设计保持一致。

（2）通道封闭各部件均安装固定在机柜承重框架上；固定点主要分布在机柜承重框架的顶面、正面、侧面。

（3）封闭门与防静电地板之间，自动门与机柜之间均加装毛刷，底端毛刷应与防静电地板充分接触且不影响封闭门正常开关和移动，防止冷空气外窜。

（4）两扇封闭门底端应处于同一水平面，水平误差小于 2mm。

（5）封闭门应安装竖直，垂直偏差小于 1mm，两扇封闭门在关闭状态时，中间应无缝隙。

（6）封闭门为自动门的，内侧应装有 2 个内嵌拉手，供紧急情况下使用。

（7）自动门的"消防联动"控制线应正确接入消防系统。

3.2.3.5 环境监控系统安装

（1）在冷通道内，摄像头安装在靠门一侧的两个顶盖与门相接处，但不得影响活动天窗的打开。

（2）烟雾传感器与温度传感器根据冷通道机柜列的排步及消防的需要在适当的两顶盖相接的地方安装，但不得影响活动天窗的打开。

3.2.3.6 质量验收

（1）顶板的安装应处在同一水平面上，偏差不超过 2mm。

（2）两扇封闭门底端应处于同一水平面，水平误差小于 2mm。

（3）封闭门应安装竖直，垂直偏差小于 1mm。

（4）天窗电磁吸铁断电后靠自重翻转打开，打开过程应顺畅，打开角度应为 90°。

（5）自动封闭门应正常开启。

（6）摄像头、烟雾报警器、温度报警器不可影响天窗的打开。

3.2.4　示例图片

示例图片如图 3-6～图 3-9 所示。

图 3-6　冷通道外观

图 3-7　冷通道内景

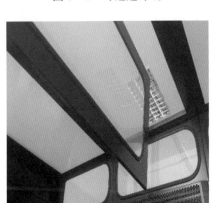

图 3-8　天窗开启

图 3-9　摄像头、传感器

3.2.5　主要引用标准

DL/T 1598—2016《信息机房（A 级）综合监控技术规范》

Q/GDW 1343—2014《国家电网公司信息机房设计及建设规范》

Q/GDW 1345—2014《国家电网公司信息机房评价规范》

3.3　通信机房窗户密封工艺

3.3.1　适用范围

本工艺适用于通信机房的环境改造窗户密封，新建机房建议采用无窗户设计或密封式窗户，严禁采用可开启窗户。如采用密封式窗户，通信机房应满足密封防尘和温度、湿度要求，窗户具备遮阳功能，防止阳光直射机柜和设备。如采用无窗设计，机房需安装直流风机用于通风换气，但风机外部需设置有效防尘措施，避免沙尘进入机房。

3.3.2 施工流程

通信机房窗户密封流程如图 3－10 所示。

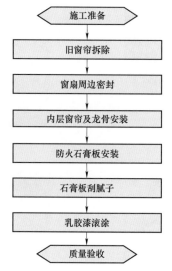

图 3－10 通信机房窗户密封流程

3.3.3 工艺流程说明及主要质量控制要点

3.3.3.1 施工准备

（1）技术准备：

1）图纸会审。按照国家电网有限公司《电力建设工程施工技术管理导则》要求进行图纸会审工作。

2）技术交底。按照国家电网有限公司《电力建设工程施工技术管理导则》规定，按工程分项、分级进行施工技术交底。技术交底要内容全面，具有针对性和指导性，参建施工的人员应全部参加交底并签名，并形成技术交底书面记录。

（2）材料准备：根据施工图纸要求，准备密封胶、石膏板、龙骨、腻子、乳胶漆等施工材料，保证数量充足、尺寸合适，质量应符合有关现行国家标准的规定。

（3）人员组织：施工负责人，技术负责人，安全、质量负责人，粉刷工及安装技能人员。

（4）机具准备：吸尘器、电钻、胶枪、电动搅拌枪、刮刀、抹刀、锤子、螺丝刀、钢直尺等。

3.3.3.2 旧窗帘拆除

（1）拆卸前应使用鸡毛掸和吸尘器仔细清除窗帘表面灰尘。

（2）使用专业工具拆卸窗帘，在遇到一些部位卡死的情况下，不要使用蛮力掰开，应拆开周边卡、钉取出窗帘布。

（3）在拆卸窗帘时，应使用专门容器装窗帘拆卸下来的小块零部件。

（4）拆卸完毕后用石膏腻子封堵找平原窗帘支架螺丝孔。

3.3.3.3 窗扇周边密封

（1）关闭窗扇，旋紧窗户锁具。

（2）在窗框的周边均匀抹上密封胶，以防止雨水从窗和墙体的安装缝隙渗入室内。

3.3.3.4 内层窗帘及龙骨安装

（1）内层窗帘安装。用 L 形封边条将窗帘四周整体固定在窗框上，固定过程中张紧窗帘，以防褶皱影响美观。

（2）沿窗户洞口的上沿、下沿和侧边龙骨安装，弹线固定龙骨，固定点离龙骨端头为 50mm。

（3）竖龙骨安装：将竖龙骨卡入横龙骨槽内，竖龙骨高度应比实际洞口高度短 5mm 左右；安装竖龙骨应垂直，竖龙骨的间距按其规格的限制高度或其防潮、防火等功能选用其相应的 600mm 间距。

3.3.3.5 防火石膏板安装

（1）防火石膏板宜竖向铺设，长边接缝宜落在竖龙骨上。

（2）防火石膏板用自攻螺钉固定。沿防火石膏板周边螺钉间距不应大于 200mm，中间部分螺钉间距不应大于 300mm，螺钉与板边缘的距离应为 10～16mm。

（3）安装防火石膏板时，应从板的中部向板的四边固定，钉头略埋入板内，自攻螺钉要沉入板材表面 1～2mm，但不得损坏防火板。

（4）防火石膏板宜使用整板。如需对接时，应靠紧，但不得强压就位。

（5）防火石膏板的接缝，应按设计要求进行板缝处理。

（6）选用合适的嵌缝材料，使嵌缝带和嵌缝膏与防火石膏板板面相互结合粘贴在一起。玻璃纤维带具有自粘性适于大多数场合，而嵌缝纸带接缝强度要高一些。

（7）相邻的两块防火石膏板应留有缝隙。用 150mm 宽的刮刀在接缝两边涂抹嵌缝膏作基层，用刮刀将嵌缝膏抹平。

（8）用抹刀将接缝纸带压入嵌缝膏基层中，用嵌缝膏覆盖，并与防火石膏板面齐平，一般第一层的嵌缝膏涂抹宽度为 100mm。

（9）待第一层嵌缝膏固化或干燥后，再在表面涂第二层嵌缝膏，第二层嵌缝膏比第一层两边各宽 50mm，即第二层嵌缝宽度约为 200mm。

（10）待第二层嵌缝膏固化或干燥后涂抹第三层嵌缝膏，第三层须比第二层两边各宽出

50mm，待覆盖第三层嵌缝膏后，整个嵌缝宽度约为 300mm。

（11）为防止钉眼的地方生锈把表面顶起成蘑菇头，应先用黑水泥涂抹钉帽，干燥后用石膏粉加 107 胶或石膏黏结剂将钉眼堵平，再涂刮腻子。

3.3.3.6 石膏板刮腻子

（1）防火石膏板安装完毕在进行刮腻子时，要拉开间隔时间，待第一层固化或干燥后再进行下一道工序，以防防火石膏板连续吸潮变形。

（2）在南方潮湿地区或相对湿度长期大于 70%的潮湿地区施工时应采取通风干燥措施，以防止吸潮变形。

（3）第一遍应用胶皮刮板满刮，要求横向刮抹平整、均匀、光滑，密实平整，线角及边棱整齐为度。尽量刮薄，不得漏刮，接头不得留槎，注意不要沾污其他部位，否则应及时清理。

（4）第二遍满刮腻子方法同第一遍，但刮抹方向与前腻子相垂直。

（5）第三遍满刮腻子方法同第一遍，刮抹需平整、光滑。

3.3.3.7 乳胶漆滚涂

（1）刷第一遍涂料前如发现有不平整之处，用腻子补平。涂料在使用前应用手提电动搅拌枪充分搅拌均匀。如稠度较大，可适当加清水稀释，但每次加水量需一致，不得稀稠不一。然后将涂料倒入托盘，用涂料滚子醮料涂刷第一遍。滚子应横向涂刷，然后再纵向滚压，将涂料擀开并涂平。滚涂顺序一般为从上到下，从左到右，先远后近，先边角棱角后平面，先小面后大面。要求厚薄均匀，防止涂料过多流坠。滚子涂不到有阴角处，需用毛刷补充，不得漏涂。要随时剔除沾在墙上的滚子毛。一面墙要一气呵成。避免接槎刷迹重叠现象，沾污到其他部位的涂料要及时用清水擦净。第一遍层涂料施工后，待干燥后，才能进行下道工序。

（2）第二遍滚涂与第一遍相同，涂刷后，应达到一般乳胶漆高级刷浆的要求。

（3）清除遮挡物，清扫飞溅物料。

3.3.3.8 质量验收

（1）密封表面平整、光滑，与周边墙面形成一体。

（2）接缝处无光线透出，窗户边缘无渗水。

（3）石膏板周边螺钉间距不大于 200mm，中间部分螺钉间距不大于 300mm，螺钉与板边缘的距离应为 10～16mm。石膏板完整，无损坏，无明显缝隙、钉眼。

（4）内外层窗帘平整无褶皱。

3.3.4 示例图片

示例图片如图 3-11～图 3-19 所示。

图 3-11　窗扇周边密封图

图 3-12　内层窗帘安装

图 3-13　龙骨安装

图 3-14　防火石膏板安装

图 3-15　石膏板板缝处理

图 3-16　钉眼处理

图 3-17　石膏板刮腻子

图 3-18　乳胶漆滚涂

图 3-19　密封窗户和遮光窗帘示例

3.3.5　主要引用标准

Q/GDW 183—2008《110kV～1000kV 变电（换流）站土建工程施工质量验收及评定规程》

Q/GDW 1183—2012《变电（换流）站土建工程施工质量验收规范》

3.4　电缆桥架安装工艺

3.4.1　适用范围

本工艺适用于通信机房、弱电竖井及楼道内电缆桥架安装。

3.4.2　施工流程

电缆桥架安装流程如图 3－20 所示。

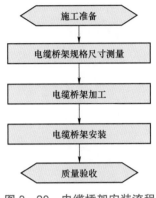

图 3－20　电缆桥架安装流程

3.4.3　工艺流程说明及主要质量控制要点

3.4.3.1　施工准备

（1）技术准备：设计图纸交底；施工图、规范学习；制订材料计划。

（2）材料准备：根据计划采购所需材料。材料要求如下：

1）所有材料规格、型号及电压等级应符合设计要求，并有产品合格证。

2）桥架外观检查：部件齐全，表面光滑、不变形；钢制桥架涂层完整，无锈蚀；玻璃钢制桥架色泽均匀，无破损碎裂；铝合金桥架涂层完整，无扭曲变形，不压扁，表面不划伤。

3）主要材料：电缆桥架、盖板、隔板、电缆、支吊架。

4）辅助材料：电焊条、绝缘导线、铜端子、镀锌带母螺栓、镀锌垫圈、镀锌弹簧垫圈、酚醛防锈漆、汽油、镀锌电缆卡子。

5）镀锌材料：采用钢板、圆钢、扁钢、角钢、螺栓、螺母、螺钉、垫圈、弹簧垫等金属材料做电工工件时，都应经过镀锌处理。

6）金属膨胀螺栓：应根据容许拉力和剪力进行选择。

（3）人员组织：施工负责人，技术负责人，安全、质量负责人，焊工及安装技能人员。

（4）机具准备：电焊机、角钢切割机、型材切割机、电钻等。

3.4.3.2　电缆桥架规格尺寸测量

（1）电缆桥架规格、尺寸及安装位置间距等应遵循施工图及规范要求。

（2）应对机房、竖井、过道等安装处进行实际测量，以核对桥架加工图。

3.4.3.3　电缆桥架加工

（1）电缆桥架宜采用工厂加工，桥架在加工前应制作不同的模具，同一种规格的桥架所有尺寸应保持一致。

（2）所有型材合格证齐全，应平直，无明显扭曲。

（3）下料误差在 5mm 范围内，切口应平整，无卷边、毛刺；桥架盖装上后应平整，无翘角，出线口的位置准确。

（4）桥架应焊接牢固，无明显变形。

（5）各横撑间的垂直净距与设计偏差应不大于 5mm。

（6）对所有加工完成的桥架验收合格后，进行防腐处理。

3.4.3.4　电缆桥架安装

（1）对加工到场的桥架检查符合设计要求。

（2）桥架安装前应进行放样定位。

（3）按照施工图要求，对桥架逐组、逐件组装，各桥架水平距离应一致，同层横撑应在同一水平面上，转角处弧度一致。

（4）桥架直线段组装时，应先做干线，再做分支线。桥架与桥架可采用内连接头或外连接头，配上平垫和弹簧垫用螺母紧固。螺母必须在桥架壁外侧，接茬处应缝隙严密平齐。

（5）机房桥架应对应屏位布置，保证电缆进入屏柜的走向合理、顺直、美观。

（6）电缆桥架按施工图要求进行接地。桥架应在主材处留有接地点，并采用不小于 35mm² 的多股铜芯专用地线接至通信机房接地母排。

（7）所有桥架焊接牢固，焊接处防腐处理符合规范要求。

（8）不允许将穿过墙壁的桥架与墙上的孔洞一起抹死，应留 2～5cm 的缝隙。

（9）桥架的所有非导电部分的铁件均应相互连接和跨接，使之成为一个连续导体，并做好整体接地。

（10）桥架经过建筑物的变形缝（伸缩缝、沉降缝）时，桥架本身应断开，槽内用内连接板搭接，不需固定。保护地线和槽内导线均应留有补偿余量。

（11）直线段钢制电缆桥架长度超过 30m、铝合金或玻璃钢制桥架长度超过 15m 时应设伸缩节。

（12）几组电缆桥架在同一高度平行安装时，各相邻电缆桥架间应考虑维护、检修距离及桥架出管方便。

（13）桥架进行交叉、转弯、丁字连接时，应采用直通、二通、三通、四通或平面二通、平面三通等进行变通连接。

（14）桥架与盒、箱、柜等接茬时，进线和出线口等处应采用抱脚连接，并用螺钉紧固，末端应加装封堵。

（15）建筑物的表面如有坡度时，桥架应随其变化坡度。待桥架全部敷设完毕后，应在电缆敷设之前进行调整检查。

（16）电缆梯架不宜敷设在腐蚀性气体管道和热力管道的上方及腐蚀性液体管道的下方，否则应采取防腐隔热措施。

3.4.3.5 质量验收

（1）检验评定记录、合格证件及安装图纸等技术文件、施工图及变更设计的说明文件。

（2）桥架走向合理、顺直、美观，外表平整、光滑，无明显扭曲和变形，切口平整、无卷边、毛刺。

（3）桥架焊接应牢固，焊接表面应光滑，不允许有气孔、夹渣、疏松等缺陷，且无明显形变，防腐处理符合要求。

（4）桥架伸缩节符合设计及相关要求。

（5）接地符合设计及相关技术要求。

3.4.4 示例图片

示例图片如图 3-21 和图 3-22 所示。

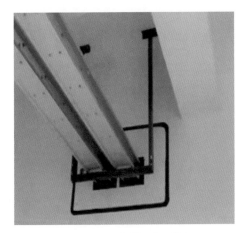

图 3-21 电缆桥架型材 　　　　　　图 3-22 电缆桥架安装

3.4.5 主要引用标准

GB 50168—2018《电气装置工程　电缆线路施工质量验收规范》

DL/T 5161—2018（所有部分）《电气装置安装工程质量检验及评定规程》

Q/ZXJZ J607—2004《电缆桥架安装和桥架内电缆敷设工程施工工艺标准》

3.5 卡博菲桥架安装工艺

3.5.1 适用范围

本工艺适用于信息通信机房卡博菲桥架安装。

3.5.2　施工流程

卡博菲桥架安装流程如图 3-23 所示。

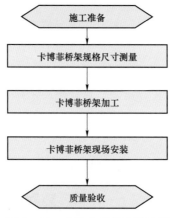

图 3-23　卡博菲桥架安装流程

3.5.3　工艺流程说明及主要质量控制要点

3.5.3.1　施工准备

（1）技术准备：设计图纸交底；施工图、规范学习；制订材料计划。

（2）材料准备：根据计划采购所需材料。

（3）人员组织：施工负责人，技术负责人，安全、质量负责人，焊工及安装技能人员。

（4）机具准备：电焊机、角钢切割机、型材切割机、电钻、专用剪刀等。

3.5.3.2　卡博菲桥架加工

（1）卡博菲桥架原材料为不锈钢丝，经焊接后成型；表面经镀锌（BSE 12329—2000 2 级）处理热；镀锌层厚度（BS 729）60～80μm。

（2）卡博菲桥架宜采用工厂加工；在加工前应根据设计的要求，制作不同的模具，同一种规格的桥架尺寸应保持一致。

（3）所有型材应平直，无明显扭曲，合格证齐全。

（4）下料误差在 5mm 范围内，切口无卷边、毛刺。

（5）桥架应焊接牢固，无明显变形。

3.5.3.3　卡博菲桥架现场安装

3.5.3.3.1　安装准备

（1）对加工到场的桥架检查符合设计要求，所有桥架组件出厂焊接牢固，焊接处防腐处理符合规范要求。

（2）桥架安装前应进行放样定位。

（3）按照施工图要求，对桥架逐组、逐件组装，各桥架水平距离应一致，同层横撑应在同一水平面上，转角处弧度一致。

（4）机房桥架应对应屏位布置，保证电缆进入屏柜走向合理、顺直、美观。

3.5.3.3.2 主桥架安装

（1）桥架之间的连接，使用快速连接件，垂直误差度为±1°。

（2）吊杆组合单边间隔标准为1.2m，宽度不小于1000mm时，间隔标准为1.0m；吊杆间隔误差为±5mm，吊杆安装与主桥架的垂直误差度为±1°，高度符合设计图纸要求。

（3）横托间隔标准与吊杆相同，用两颗螺母上下固定，间距误差为±5mm，横托厚度为30mm，高度符合设计图纸要求。

（4）桥架应使用盖板覆盖在电缆上面，盖板标准长为3m，安装间隙小于1.0mm，整体水平度误差为±3mm，最大误差为±5mm。

3.5.3.4 尾纤槽安装

（1）主件安装。先安装好槽体，然后再铺设特殊底板。槽体之间用快速连接件连接，底部铺设特设底板。槽道内不能出现紧固螺钉头。

（2）下线板安装。尾纤槽下线板安装位置符合设计要求，不占用走线槽内放缆空间，尾纤槽每个转弯处、每个尾纤下纤口，均有不小于R40mm的圆弧过渡，起到保护尾纤的作用。

3.5.3.5 辅件安装

（1）所有卡博菲桥架的下线处均需配置DEV100电缆分线板。

（2）每隔10～15m安装铝制接地端子，确保接地连续性，用6mm²接地线把桥架连接起来，并引入大楼的专用接地铜排。

（3）桥架型材剪切宜采用卡博菲专用剪线钳，剪切时应保证剪线钳口面与被剪钢丝成45°夹角，剪切口平齐。

3.5.3.6 质量验收

（1）桥架型材应平直、无扭曲，焊接牢固、无明显变形。

（2）各桥架水平距离应一致，同层横撑应在同一水平面上，转角处弧度一致。

（3）桥架应按照要求进行接地。

（4）桥架焊接牢固，焊接处防腐处理符合规范要求。

（5）吊杆间隔误差为±5mm，吊杆安装与主桥架的垂直误差度为±1°，高度符合设计图纸要求。

（6）横托间距误差为±5mm。

（7）盖板安装间隙小于1.0mm，整体水平度误差为±3mm，最大误差为±5mm。

3.5.4 示例图片

示例图片如图3－24所示。

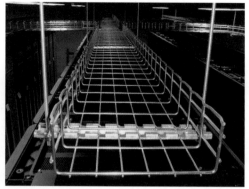

图 3-24　卡博菲桥架安装

3.5.5　主要引用标准

GB/T 21762—2008《电缆管理　电缆托盘系统和电缆梯架系统》

GB/T 50312—2016《综合布线工程验收规范》

GB 50174—2017《数据中心设计规范》

3.6　通信机房设备预制基础工艺

3.6.1　适用范围

本工艺适用于通信机房设备预制基础施工。

3.6.2　施工流程

通信机房设备预制基础施工流程如图 3-25 所示。

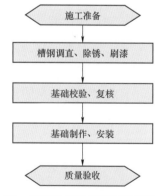

图 3-25　通信机房设备预制基础施工流程

3.6.3 工艺流程说明及主要质量控制要点

3.6.3.1 施工准备

（1）材料准备：槽钢、型钢应符合国家颁布的现行技术标准，外表无严重锈斑，无过度扭曲、弯折变形。

（2）技术准备：核对施工图纸，熟悉设计内容，确认基础预埋件型号、位置、尺寸与设计是否相符。

（3）人员组织：技术人员，安全、质量负责人，施工人员。

（4）机具准备：气割、电锤、型材切割机、角向磨光机、盒尺、电焊机、水平仪、水平尺等。

3.6.3.2 槽钢调直、除锈、刷漆

（1）先对槽钢进行调直，使槽钢无变形、弯折、扭曲，不直度误差不大于1mm/m，全长误差不大于5mm。

（2）对槽钢进行除锈，钢材表面应显示均匀的金属光泽，无可见的油脂和污垢、氧化皮、铁锈等附着物。

（3）在槽钢表面刷两道防锈底漆，第一道漆膜表干后，方可进行下道涂层施工，应均匀涂刷。底漆表面应光滑平整、颜色一致，无针孔气泡、流挂、剥落、粉漆、破损。

3.6.3.3 基础制作、复核

全面复测设备安装处结构层标高，核对标高是否与图纸相符，测量机构层平整度是否满足槽钢安装要求，应保证槽钢安装后与结构面充分接触，确保槽钢受力均匀。

3.6.3.4 基础制作、安装

（1）如果采用型钢基础，应按照设计要求组装，组装过程中焊接应牢固可靠，每个焊接处应至少有三个以上焊点，焊点应均匀分布、表面光滑平整，焊接完成后应焊痕100mm内进行防腐处理。

（2）基础槽钢或型钢可直接焊接在结构层预埋件或采用膨胀螺栓直接固定在地面结构层上。若采用预埋件安装方式，基础槽钢找平的垫铁应设置在盘柜安装的四角位置下，垫铁之间的距离宜为0.5m，预埋钢板与垫铁、基础槽钢之间应焊接牢固。

（3）安装时应注意，所有紧固件的螺栓应正确安装拧紧，绝缘垫、大平垫、弹垫、螺母的安装顺序正确。

（4）预制基础如果采用非焊接形式，应保证有可靠接地连接。

（5）基础槽钢安装完毕并防腐后再交接土建二次抹面。

3.6.3.5 质量验收

（1）基础槽钢与预埋件焊接牢固、安装螺栓连接紧固，基础槽钢外表无严重锈斑，无过度扭曲、弯折变形。

（2）基础槽钢不直度误差不大于 1mm/m，全长误差不大于 5mm；水平度误差不大于 1mm/m，全长误差不大于 5mm；位置误差及全长不平行度不大于 5mm。

（3）工程资料应包括施工设计图纸、设计变更、施工安装记录等。

3.6.4　示例图片

示例图片如图 3－26 所示。

图 3－26　设备基础型钢

3.6.5　主要引用标准

GB 50150—2016《电气装置安装工程　电气设备交接试验标准》

GB 50171—2012《电气装置安装工程　盘、柜及二次回路接线施工及验收规范》

DL/T 5161—2018（所有部分）《电气装置安装工程质量检验及评定规程》

3.7　通信机房接地网工艺

3.7.1　适用范围

本工艺适用于通信机房接地网施工。

3.7.2　施工流程

通信机房接地网施工流程如图 3－27 所示。

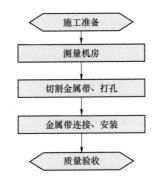

图 3-27 通信机房接地网施工流程

3.7.3 工艺流程说明及主要质量控制要点

3.7.3.1 施工准备

（1）材料准备：施工所需接地材料符合建筑接地规范和设计图纸要求，并对到达现场的材料型号、数量、规格进行逐一检查。

（2）技术准备：严格按照国家电网有限公司《电力建设工程施工技术管理导则》的要求做好图纸会检工作；施工前做好技术交底工作，技术交底内容要充实，具有针对性和指导性。

（3）人员组织：技术人员，安全、质量负责人，施工人员。

（4）机具准备：手锤、钢锯、卷尺、电钻、挝弯机、电气焊工具等安装所需的工器具等。

3.7.3.2 测量机房

（1）通信机房的屏位下应敷设专用的环形接地网，并与变电站的主接地网有不少于两点的可靠连接，连接处应刷白色底漆，在显著位置设置接地标识。接地网应采用不小于 $90mm^2$ 的铜排或 $120mm^2$ 的镀锌扁钢围绕机房建筑应敷设环形接地装置。

（2）先对机房进行测量，统计各个位置所需金属带的长度。

3.7.3.3 切割金属带、打孔

（1）统一进行金属带分割，下料长度留有一定富裕度。

（2）金属带应进行必要的校直，应无变形、弯折、扭曲，不直度误差不大于 1mm/m，全长误差不大于 5mm。

（3）铜排挝弯时应预留热膨胀度。

（4）扁钢挝弯时应采用机械冷弯，避免热弯损坏锌层。

（5）打孔时应注意孔径大小适宜，位置分布合理，确保环形地网上的接地孔密度均匀、分配合理，每个机柜有足够的接地位置。

3.7.3.4 金属带连接、安装

（1）环形地网金属带应使用支柱绝缘子安装在基础型钢上，支柱绝缘子如使用焊接固定，焊接应牢固，每个焊接处应至少有三个以上焊点，焊点应均匀分布、表面光滑平整，

焊接完成后应在焊痕 100mm 内进行防腐处理，确保绝缘子横平竖直、连接可靠。

（2）将金属带安装固定在绝缘子上，保证金属带平直、不扭曲、各连接点受力均匀。

（3）环形地网金属带之间同种金属应焊接，异种金属应多点压接。金属带表面应无毛刺、明显伤痕。焊接处应在焊痕 100mm 内进行防腐处理。

（4）铜与铜或铜与钢的连接工艺采用热剂焊（放热焊接）时，其熔接头应满足：被连接的导体完全包在接头里；保证连接部位的金属完全熔化，连接牢固；接头表面平滑；接头无贯穿性的气孔。

（5）施工过程中注意保护接地网络。

3.7.3.5　质量验收

（1）按施工图纸施工完毕，接地网连接可靠，金属带规格正确，防腐层完好，标识齐全明显。

（2）机房接地网铜排不直度误差不大于 1mm/m，全长误差不大于 5mm。

（3）铜排开孔数量应充足，满足应用需求；开孔位置应均匀分布，并与机柜位置相对应。

（4）工程资料应包括施工设计图纸、设计变更、施工安装记录、测试记录等。

3.7.4　示例图片

示例图片如图 3-28 所示。

图 3-28　通信机房接地网

3.7.5　主要引用标准

GB 50169—2016《电气装置安装工程　接地装置施工及验收规范》

GB 50689—2011《通信局（站）防雷与接地工程设计规范》

Q/GDW 183—2008《110kV～1000kV 变电（换流）站土建工程施工质量验收及评定规程》

3.8 电缆槽盒安装工艺

3.8.1 适用范围

本工艺适用于电缆沟道、通信机房、弱电竖井及楼道内槽盒安装。

3.8.2 施工流程

电缆槽盒安装流程如图 3-29 所示。

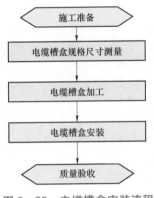

图 3-29 电缆槽盒安装流程

3.8.3 工艺流程说明及主要质量控制要点

3.8.3.1 施工准备

（1）材料准备：根据计划采购所需材料。材料要求如下：

1）所有材料规格、型号及电压等级应符合设计要求，并有产品合格证。

2）槽盒采用冷轧钢板制作时，其材质应符合 GB/T 700—2006《碳素结构钢》和 GB/T 3274—2017《碳素结构钢和低合金结构钢热轧钢板和钢带》的要求。

3）槽盒采用非金属材料制作时，材料的物理力学性能应符合 GB/T 25970—2010《不燃无机复合板》的规定，其燃烧性能不应低于 GB 8624—2012《建筑材料及制品燃烧性能分级》中规定的 BI 级。

4）槽盒各部件表面应平整，不允许有裂纹、压坑及明显的凹凸、锤痕、毛刺等缺陷。

5）槽盒涂覆部件的防护层应均匀，不应有剥落、漏涂或流淌现象。

（2）技术准备：严格按照国家电网有限公司《电力建设工程施工技术管理导则》的要求做好图纸会检工作。施工前做好技术交底工作，技术交底内容要充实，具有针对性和指导性。

（3）人员组织：施工负责人、技术负责人、安装技能人员。

（4）机具准备：电焊机、角钢切割机、型材切割机、电钻、盒尺、水平尺等。

3.8.3.2 电缆槽盒规格尺寸测量

（1）电缆槽盒规格、尺寸及安装位置间距等应遵循施工图及规范要求，宽度一般不应低于40cm。槽盒过窄如图3-30所示。

（2）应对电缆沟道、机房、竖井、过道等安装处进行实际测量，以核对槽盒加工图。

3.8.3.3 电缆槽盒加工

（1）电缆槽盒宜采用工厂加工，槽盒在加工前应制作不同的模具，同一种规格的槽盒所有尺寸应保持一致。

（2）所有型材合格证齐全，应平直，无明显扭曲。

图3-30　槽盒过窄

（3）下料误差在5mm范围内，切口应平整，无卷边、毛刺。槽盒盖装上后应平整，无翘角，出线口的位置准确。

（4）槽盒的焊接表面应光滑，不允许有气孔、夹渣、疏松等缺陷。槽盒应焊接牢固，无明显变形。

（5）各横撑间的垂直净距与设计偏差应不大于5mm。

（6）对所有加工完成的槽盒验收合格后，进行防腐处理。

（7）槽盒金属部件表面应根据不同的工作环境进行镀锌、喷涂、涂漆等防护处理。

（8）槽盒金属部件采用镀锌防护时，镀层不应有剥离、起皮、凸起等现象。

3.8.3.4 电缆槽盒安装

（1）对加工到场的槽盒检查符合设计要求。

（2）槽盒安装前应进行放样定位。

（3）按照施工图要求，对槽盒逐组、逐件组装，各槽盒水平距离应一致，同层横撑应在同一水平面上，转角处弧度一致。

（4）槽盒直线段组装时，应先做干线，再做分支线。机房槽盒应对应屏位布置，保证电缆进入屏柜的走向合理、顺直、美观。

（5）电缆槽盒按施工图要求进行接地。槽盒应在主材处留有接地点，并采用不小于 $35mm^2$ 的多股铜芯专用接地线接至通信机房接地母排。

（6）所有槽盒焊接牢固，焊接处防腐处理符合规范要求。

（7）槽盒的所有非导电部分的铁件均应相互连接和跨接，使之成为一个连续导体，并做好整体接地。

（8）槽盒经过建筑物的变形缝（伸缩缝、沉降缝）时，槽盒本身应断开，槽内用内连接板搭接，不需固定。保护地线和槽内导线均应留有补偿余量。

（9）直线段钢制电缆槽盒长度超过30m、铝合金或玻璃钢制槽盒长度超过15m时应设伸缩节。

（10）几组电缆槽盒在同一高度平行安装时，各相邻电缆槽盒间应考虑维护、检修距离及槽盒出管方便。

（11）建筑物的表面如有坡度时，槽盒应随其变化坡度。待槽盒全部敷设完毕后，应在电缆敷设之前进行调整检查。

（12）室外铺设的槽盒应采取防积水措施，盒底留有排水孔。

（13）槽盒进出电缆的开口处应加装橡胶防护套或采取其他保护措施，防止线缆或施工人员被划伤。

3.8.3.5 质量验收

（1）检验评定记录、合格证件及安装图纸等技术文件、施工图及变更设计的说明文件。

（2）槽盒走向合理、顺直、美观，外表平整、光滑，无明显扭曲和变形，切口平整，无卷边、毛刺。槽盒盖装上后应松紧适度，表面平整，无翘角，出线口位置准确。

（3）槽盒焊接应牢固，焊接表面应光滑，不允许有气孔、夹渣、疏松等缺陷，且无明显形变，防腐处理符合要求。

（4）槽盒伸缩节符合设计及相关要求。

（5）接地符合设计及相关技术要求。

3.8.4 示例图片

示例图片如图3-31和图3-32所示。

图 3-31　槽盒铺设示例

图 3-32　槽盒开口处加装橡胶防护套示例

3.8.5　主要引用标准

GB 50168—2018《电气装置工程　电缆线路施工质量验收规范》

DL/T 5161—2018（所有部分）《电气装置安装工程质量检验及评定规程》

Q/ZXJZ J607—2004《电缆桥架安装和桥架内电缆敷设工程施工工艺标准》

3.9　机房防静电地板安装工艺

3.9.1　适用范围

本工艺适用于通信、信息机房防静电地板安装。

3.9.2 施工流程

机房防静电地板安装流程如图 3–33 所示。

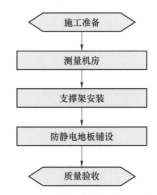

图 3–33 机房防静电地板安装流程

3.9.3 工艺流程说明及主要质量控制要点

3.9.3.1 施工准备

（1）材料准备：根据计划采购所需材料。材料要求如下：

1）清点材料的规格型号、数量满足设计要求。

2）对防静电地板进行外观检查，应满足：接缝整齐严密，金属表面防锈层牢固，无明显可见色差、起泡及瑕点；防静电地板边长尺寸误差不大于 0.4mm，厚度误差不大于 0.3mm，表面平整度不大于 0.6mm，临边垂直度不大于 0.3mm。

（2）技术准备：严格按照国家电网有限公司《电力建设工程施工技术管理导则》的要求做好图纸会检工作；施工前做好技术交底工作，技术交底内容要充实，具有针对性和指导性。

（3）人员组织：施工负责人、技术负责人、安装技能人员。

（4）机具准备：地板切割机、盒尺、水平仪、皮锤等。

3.9.3.2 测量机房

核对机房实际布置、尺寸与设计图纸是否相符。

3.9.3.3 支撑架安装

（1）防静电地板的铺设应在机房内其他施工及设备基座安装完成后进行。

（2）支撑架安装前应对建筑地面进行清洁处理，建筑地面应干燥、坚硬、平整、不起尘。

（3）支撑架安装应按设计标高及地板布置放定位线。定位线与机柜安装位置匹配，沿墙单块地板的最小宽度不宜小于整块地板边长的 1/4。

（4）若设计有接地铜箔带网，应沿定位线铺设。

（5）以定位线为准放置地板支架并与横梁连接，构成框架一体。根据标高控制线确定面板高度，带线调整支架螺杆，保证框架受力均匀，每个支架支撑良好。

3.9.3.4　防静电地板铺设

（1）在铺设地板前，检查一体化框架上缓冲垫放置平稳整齐。

（2）防静电地板应由外往里铺设，铺设时应规范并预留孔洞与设备位置。防静电地板铺设时应随时调整水平；遇到障碍物或不规则墙面、柱面时应按实际尺寸切割，并应相应增加支撑部件。

（3）防静电地板面层应排列整齐、表面洁净、接缝均匀、周边顺直，不得有局部变形，行走无响声、无晃动。

（4）做好防静电地板接地。

（5）防静电地板安装完后应做好成品保护，防止涂料二次污染，严禁对地板表面造成硬物损伤。

3.9.3.5　质量验收

（1）防静电地板应出具合格证、出厂检验等记录。防静电地板边长尺寸误差不大于0.4mm，厚度误差不大于0.3mm，表面平整度不大于0.6mm，临边垂直度不大于0.3mm。

（2）防静电地板表面平整度偏差不大于2mm，缝格平直偏差不大于2.5mm，接缝高低差偏差不大于0.4mm，板块间隙宽度偏差不大于0.3mm，支架高度偏差±1mm，与设备及墙边的缝隙宽度不大于2mm。

（3）防静电地板面层应排列整齐、表面洁净、接缝均匀、周边顺直，无变形，行走无响声、无晃动。

（4）接地符合设计及相关技术要求。

3.9.4　示例图片

示例图片如图3-34～图3-36所示。

图3-34　支撑架安装

图3-35　面板铺设

图 3-36 防静电地板成品

3.9.5 主要引用标准

GB 50462—2015《数据中心基础设施施工及验收规范》

SJ/T 10796—2016《防静电活动地板通用规范》

4 通信设备安装及接地施工工艺

4.1 屏柜施工工艺

4.1.1 适用范围

本工艺适用于通信机房各类屏柜的安装。

4.1.2 施工流程

屏柜安装流程如图4-1所示。

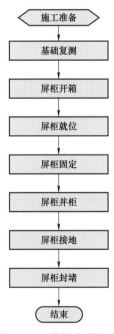

图4-1 屏柜安装流程

4.1.3 质量控制要点及施工工艺

4.1.3.1 施工准备

（1）熟悉施工图纸，了解屏柜尺寸、数量、安装地点、位置。

（2）对施工人员进行安全技术交底。

（3）核对机房土建、机柜底座等情况是否达到施工要求。

（4）核对机房的接地设施是否满足要求。

（5）人员组织：根据施工"三措一案"，施工负责人、技术负责人、安质人员、安装作业人员等各级人员按要求组织到位。

（6）工器具准备：吊锤、丝锥、电钻、打磨机、砂纸、橡皮锤、扳手、水平仪等施工机具到位。

（7）按照施工图的设计要求检查机柜。

4.1.3.2 基础复测

（1）在进行屏柜就位前，应对屏柜基础槽钢的不直度、水平度、位置误差及不平行度进行检查，其允许偏差应符合表4-1的规定。

表4-1　　　　　　　　　　　　　　基础槽钢安装允许偏差

项目		允许偏差（mm）
不直度	每米	≤1
	全长	≤5
水平度	每米	≤1
	全长	≤5
位置误差及不平行度		≤5

（2）对基础槽钢表面不平整度进行测量，如遇基础槽钢表面有电焊点、油漆、白灰等杂物，应用打磨机、砂纸等工具进行打磨，使基础槽钢表面平整。

（3）检查基础槽钢应与变电站的主接地网可靠连接，符合设计及验收规范要求，并验证导通性。

4.1.3.3 屏柜开箱

（1）开箱时应小心轻放，将包装箱屏柜放倒开箱。

（2）用螺丝刀、羊角锤等工具将包装箱周围盖板打开，并将盖板上的螺栓钉拆除防止误伤施工人员，严禁使用暴力开箱。

（3）开箱后检查屏柜外壳无变形，屏柜金属面无明显划痕，屏柜内配件配置齐全，屏柜内电气元件牢靠完好。

4.1.3.4 屏柜就位

（1）将屏柜移至安装位置时，至少要4人以上搬运，屏柜竖立时应防止屏柜侧滑。

（2）用水平尺和吊锤对屏柜的水平和垂直度进行测量。

（3）调整垂直、水平应逐个进行，并以首个机柜为标准。调整时可用橡皮锤敲击屏柜底部，但不能敲击其他部位。

4.1.3.5 屏柜安装固定

（1）屏柜安装应端正牢固，应采用螺栓固定法，不采用点焊固定法。

（2）应采用不小于$\phi 6$的钻尾螺栓或$\phi 10\sim\phi 12$螺栓，在屏柜底部4个角打眼固定。

4.1.3.6 屏柜并柜

（1）屏柜的安装位置应符合施工图的设计要求，屏柜按设计统一编号。同一机房的屏柜尺寸、颜色宜统一，以保证机房内屏柜整齐划一。

（2）屏柜侧面并柜时，应采用不小于$\phi 6$的螺栓，在屏柜上下前后部位不少于4点进行连接。

（3）屏柜顶部并柜时，应采用专用机柜连接片，在屏柜顶部预留孔洞处，用螺栓固定连接。

（4）屏柜应相互靠拢，屏柜间隙均匀，屏体间隙不应大于2mm。

4.1.3.7 屏柜接地

（1）屏柜内侧面设置40mm×3mm及以上规格的镀锡扁铜排作为屏柜内接地汇流排。接地汇流排应每隔约50mm预设$\phi 6\sim\phi 10$的孔，屏柜内接地汇流排与接地网连接应选$\phi 12$的孔，并配置铜螺栓。

（2）应预装门、侧板、框、屏柜内设备的接地线（建议截面积不小于6mm²）（设备侧预留）以及屏内接地母排至机房地母的主接地线（建议截面积不小于50mm²），所有接地线应采用专用黄绿地线。所有配置的连接线接线端子应采用铜鼻子（端子）压接工艺，压接头子的压接处均应加匹配的热缩套管，热缩套管长度宜统一适中，热缩均匀。

4.1.3.8 屏柜封堵

1. 防火泥、防火板封堵

（1）封堵材料的规格、型号和防火等级必须满足图纸设计要求，孔洞的规格及封堵的方式需按照工艺标准来执行。

（2）如采用防火泥加防火板工艺，需将机柜底部孔洞用防火泥妥善填充，并整体覆盖防火板。

（3）孔洞内的防火泥必须填充到位，各缝隙内的防火泥也要填充饱满，封堵严密，避免因填充不实而导致整个孔洞或缝隙的防火功能降低。

（4）防火泥应用金属或木制防火框包裹，达到同一柜内防火泥大小均匀、整齐美观的效果。

（5）防火板应选用硬质不燃材料，材料厚度均匀，可以方便地切割和钻孔；具有防火、隔热性能和承载能力，并达到一定的耐火极限。防火板封堵时，宜对防火板切割后的锐边进行打磨，避免损伤电缆。

（6）屏柜按照屏柜底部尺寸切割防火板。在封堵屏柜底部时，封堵应严实可靠，不应有明显的裂缝和可见的孔隙，孔洞较大时应加防板再进行封堵。

2. 防火模块封堵

（1）封堵材料的规格、型号和防火等级必须满足图纸设计要求，孔洞的规格及封堵的方式需按照工艺标准来执行。

（2）采用防火模块进行封堵前，应对机柜底部孔安装防火模块专用边框。

（3）防火模块应进行预安装，并根据安装边框后孔洞的大小选择相应大小、数量的模块以及配套紧固件。

（4）防火模块应根据孔洞内线缆直径进行预开孔，开孔不应过大或过小，单个模块开孔内不应穿入多根线缆。

4.1.3.9 质量验收

（1）屏柜的安装应端正牢固，用吊垂（或水平仪）测量，水平垂直偏差应满足以下要求：

1）垂直度（机柜底部到顶部）应不大于 2mm。

2）水平偏差中，相邻两机柜顶部应不大于 2mm，成列机柜顶部应不大于 5mm。

3）盘面偏差中，相邻两柜应不大于 1mm，成列机柜柜面应不大于 5mm。

4）屏柜间接缝应不大于 2mm。

（2）屏柜应相互靠拢，屏柜间隙均匀，屏体间隙不应大于 2mm。

（3）屏柜接地线布线应平直、整齐、美观。屏柜所有的接地线中间不允许有接头。接地线线鼻子应采用热缩管将接地线与线鼻子连接处热缩。

（4）屏柜按照屏柜底部尺寸切割防火板。在封堵屏柜底部时，封堵应严实可靠，不应有明显的裂缝和可见的孔隙，孔洞较大时应加防板再进行封堵。

4.1.4 示例图片

示例图片如图 4–2～图 4–9 所示。

图 4–2 支撑架安装

图4-3 屏柜并柜效果

图4-4 屏柜内接地示意

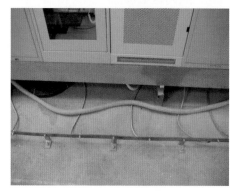

图4-5 与接地铜牌接地效果

图4-6 与接地铜牌接地效果

图4-7 防火模块封堵

图 4-8　防火泥防火板封堵效果

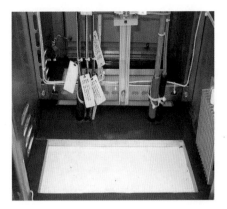

图 4-9　防火泥防火板封堵效果

4.1.5　主要引用标准

DL/T 5344—2018《电力光纤通信工程验收规范》

《国家电网公司输变电工程标准工艺工艺标准库（2016 年版）》

4.2　通信设备接地工艺

4.2.1　适用范围

本工艺适用于通信机房各类设备接地。

4.2.2　施工流程

通信机房各类设备接地流程如图 4-10 所示。

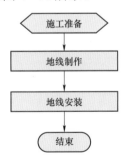

图 4-10　通信机房各类设备接地流程

4.2.3　质量控制要点及施工工艺

4.2.3.1　施工准备

（1）技术准备：统计需要做接地线的设备及盘柜，准确测量具体每根地线的长度。

（2）材料准备：截面积不小于 6mm²（设备侧）和 35mm²（通信电源侧）的黄绿双色相间的塑料（橡胶）绝缘铜芯多股软导线、热缩管、铜鼻子等材料。

（3）人员组织：技术人员，安全、质量负责人，安装制作人员。

（4）机具准备：液压钳、老虎钳、斜口钳、割刀、卷尺、壁纸刀、热风枪、螺丝刀等。

4.2.3.2 地线制作

所有设备均应做接地，准确测量每根地线长度，地线两端用壁纸刀将黄绿双色绝缘皮切割合适长度，接线端头宜选用与接地线线径相同的铜质非开口接线鼻子，并使用液压钳压紧，使用开口鼻子时，要用灌锡焊接，所有线缆头的开缆处应用热风枪热缩加以保护。

4.2.3.3 地线安装

（1）设备接地线用螺丝刀将设备侧和接地端子侧螺栓拧紧，设备接地不能并接在同一个接地端子上，屏柜所有的接地线中间不允许有接头。

（2）接地线绑扎应平直、整齐、美观，确保接地可靠。

4.2.3.4 质量验收

（1）所有设备均应做接地，设备的接地端子应通过接地线接至机柜的接地铜排上，设备子框接地线应采用截面积不小于 6mm²（设备侧）和 35mm²（通信电源侧）的黄绿相间的塑料（橡胶）绝缘铜芯多股软导线，拉曼等外置光放接地线应采用截面积不小于 6mm² 的黄绿双色相间的塑料（橡胶）绝缘铜芯多股软导线，接线端头应选用与接地线线径相同的铜质非开口接线鼻子，使用开口鼻子时要用灌锡焊接。

（2）所有线缆头的开缆处应用热缩管热缩加以保护。

（3）设备接地原则上不应并接在同一个接地端子上。

（4）屏柜所有的接地线中间不允许有接头。

（5）接地线绑扎应平直、整齐、美观。

4.2.4 示例图片

示例图片如图 4－11 和图 4－12 所示。

图 4－11 接地线和接线端头安装示例

图 4－12 接地线绑扎效果

4.2.5 主要引用标准

DL/T 5344—2018《电力光纤通信工程验收规范》

《国家电网公司输变电工程标准工艺工艺标准库（2016 年版）》

4.3 光路子系统安装及接线工艺

4.3.1 适用范围

本工艺适用于通信机房光路子系统的安装及接线。

4.3.2 施工流程

光路子系统安装及接线流程如图 4-13 所示。

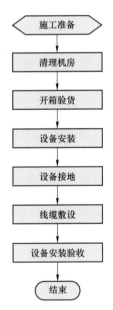

图 4-13 光路子系统安装及接线流程

4.3.3 质量控制要点及施工工艺

4.3.3.1 施工准备

（1）现场勘测：熟悉施工图纸，核对施工现场，了解设备安装地点、位置；了解机柜接地设施是否完成；详细做好现场勘测记录。

（2）技术准备：熟悉施工图纸、作业指导书，进行安全技术交底。

（3）人员组织：根据施工组织设计或施工安全技术措施，施工负责人、技术负责人、安全人员、安装作业人员等各级人员按要求组织到位。

（4）机具准备：光源/光功率计，万用表，光纤清洁器、螺丝刀等施工机具到位。

4.3.3.2　开箱验货

在开箱验货前应认真核实设计中设备及配件情况。开箱验货时要会同监理单位人员、设备厂家人员同时开箱，验货时要认真仔细，并依照国家电网有限公司对照片的要求拍照存档。对验货发现的与设计不符的情况，及时与现场监理、厂家人员沟通，出具书面材料经监理确认签字后报上级有关部门处理，不得擅自处理，验收完毕后需要妥善保管设备及配件。

4.3.3.3　设备安装

设备安装时要固定牢固，设备与设备之间缝隙均匀，美观。光路子系统可与传输设备子架安装在同一机柜，如设备较多，也可安装在独立机柜内。子系统各设备间要保持 1U 的垂直距离，当安装在传输设备子架下方时，要与传输设备子架保持 2U 的垂直距离。

安装完毕后应检查设备是否安装紧固，挂耳固定螺钉是否拧紧，电源线、尾纤及信号电缆是否连接、布放妥当。

4.3.3.4　设备接地

所有光路子系统设备均应做接地，设备的接地端子应通过接地线接至机柜的接地铜排上，接地线中间不允许有接头。

4.3.3.5　线缆敷设

线缆的敷设应平直、整齐、美观，尽量避免交叉并遵循强弱电分开布放的原则。电缆桥架、柜内的缆线都应良好固定，绑扎整齐。尾纤布放出屏时要穿波纹管加以防护，尽量减少转弯，捆扎时要用软线捆扎，松紧适度，弯曲半径符合规定要求：尾纤弯曲半径静态下不小于缆径的 10 倍，动态下不小于缆径的 20 倍。

4.3.3.6　标识标签制作

标签标识制作应全部采用机打，禁止手写。标签应准确、清晰、整齐，统一采用黑色字体，电源标识宜采用不同颜色区分。

4.3.3.7　质量验收

（1）设备要固定牢固，设备与设备之间缝隙均匀，美观。子系统各设备间要保持 1U 的垂直距离，当安装在传输设备子架下方时，要与传输设备子架保持 2U 的垂直距离。

（2）所有光路子系统设备均应做接地，设备的接地端子应通过接地线接至机柜的接地铜排上，接地线中间不允许有接头。

（3）尾纤布放出屏时要穿波纹管加以防护，尽量减少转弯，捆扎时要用软线捆扎，松紧适度，弯曲半径符合规定要求（参考根据光缆要求）：尾纤弯曲半径静态下不小于缆径的 10 倍，动态下不小于缆径的 20 倍。

4.3.4　示例图片

示例图片如图 4-14~图 4-16 所示。

图 4-14　正面设备及走线

图 4-15　背面设备及走线

图 4-16　光路子系统安装及接线

4.3.5　主要引用标准

DL/T 5344—2018《电力光纤通信工程验收规范》

《国家电网公司输变电工程标准工艺工艺标准库（2016 年版）》

4.4　光设备子架安装工艺

4.4.1　适用范围

本工艺适用于通信机房光设备子架的安装及接线。

4.4.2 施工流程

光设备子架安装流程如图 4-17 所示。

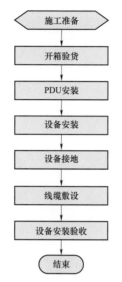

施工准备

开箱验货

PDU安装

设备安装

设备接地

线缆敷设

设备安装验收

结束

图 4-17 光设备子架安装流程

4.4.3 质量控制要点及施工工艺

4.4.3.1 施工准备

（1）现场勘测：熟悉施工图纸，核对施工现场，了解设备安装地点、位置；了解机柜接地设施是否完成；详细做好现场勘测记录。

（2）技术准备：熟悉施工图纸、作业指导书，进行安全技术交底。

（3）人员组织：根据施工组织设计或施工安全技术措施，施工负责人、技术负责人、安全人员、安装作业人员等各级人员按要求组织到位。

（4）机具准备：万用表，斜口钳、螺丝刀等施工机具到位。

4.4.3.2 开箱验货

在开箱验货前应认真核实设计中设备及配件情况。开箱验货时要会同监理单位人员、设备厂家人员同时开箱，验货时要认真仔细，并依照国家电网有限公司对照片的要求拍照存档。对验货发现的与设计不符的情况，及时与现场监理、厂家人员沟通，出具书面材料经监理确认签字后报上级有关部门处理，不得擅自处理，验收完毕后需要妥善保管设备及配件。

4.4.3.3 PDU 的安装

PDU 要安装在机柜的最顶端，安装要求水平牢固。根据现场子框设计需求来安装。PDU 信号线与电源线分别走不同的两侧来绑扎固定。每个机柜内部都需要配置双 PDU，双 PDU 之间要留有 1U 的空隙。

4.4.3.4　光设备子架安装

设备安装时要固定牢固，设备与设备之间缝隙均匀、美观。光设备子架可与传输设备安装在同一机柜，如设备较多，也可安装在独立机柜内。子架间保持 2U 的垂直距离，若有风扇的子架，应留出足够的散热距离。下进风设备与机柜底部保持 300mm 的垂直距离。检查子架系统背板（母板）上的插针，插针应平直、整齐、清洁。

安装完毕后应检查设备是否安装紧固，挂耳固定螺栓是否拧紧。

4.4.3.5　设备接地

所有子框设备均应做接地，设备的接地端子应通过接地线接至机柜的接地铜排上，接地线中间不允许有接头。

4.4.3.6　线缆敷设

线缆的敷设应平直、整齐、美观，尽量避免交叉并遵循强弱电分开布放的原则。电缆桥架、柜内的缆线都应良好固定，绑扎整齐。尾纤布放出屏时要穿波纹管加以防护，尽量减少转弯，捆扎时要用软线捆扎，松紧适度，弯曲半径符合规定要求：尾纤弯曲半径静态下不小于缆径的 10 倍，动态下不小于缆径的 20 倍。

4.4.3.7　质量验收

（1）PDU 要安装在机柜的最顶端，安装要求水平牢固，双 PDU 之间要留有 1U 的距离。

（2）设备安装时要固定牢固，设备与设备之间缝隙均匀，美观。子架间保持 2U 的垂直距离，若有风扇的子架，应留出足够的散热距离。下进风设备与机柜底部保持 300mm 的垂直距离。

（3）所有子框设备均应做接地，设备的接地端子应通过接地线接至机柜的接地铜排上，接地线中间不允许有接头。

（4）线缆的敷设应平直、整齐、美观，尽量避免交叉强弱电分开布放。

（5）设备内尾纤弯曲半径静态下不小于缆径的 10 倍，动态下不小于缆径的 20 倍。

4.4.4　示例图片

示例图片如图 4-18～图 4-20 所示。

图 4-18　设备子架安装

图 4－19　设备子架后侧安装

图 4－20　双 PDU 示例

4.4.5　主要引用标准

DL/T 5344—2018《电力光纤通信工程验收规范》

《国家电网公司输变电工程标准工艺工艺标准库（2016 年版）》

5 通信电源安装及改造工艺

5.1 蓄电池组安装工艺

5.1.1 适用范围

本工艺适用于通信机房蓄电池组安装、试验。

5.1.2 施工流程

蓄电池组安装流程如图 5-1 所示。

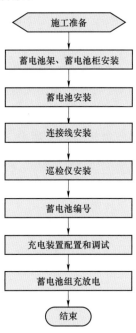

图 5-1 蓄电池安装流程

5.1.3 工艺流程说明及主要质量控制要点

5.1.3.1 施工准备

（1）技术准备：熟悉施工图；熟悉充电装置、蓄电池、直流接地检查装置等的说明书。

（2）材料准备：镀锌螺栓、线帽管、屏蔽线、相色带、电缆头热缩管等盘柜安装及二次接线所需材料。

（3）人员组织：技术人员，安全、质量负责人，安装人员。

（4）机具准备：放电试验装置、蓄电池内阻测量仪、万用表、电钻、压接钳、动力电缆接线工具等。使用扳手等工具时要求绝缘，以免发生短路现象。

5.1.3.2 蓄电池架、蓄电池柜安装

（1）根据有关图纸及安装说明检查蓄电池架、蓄电池柜是否符合承重要求，检查基础槽钢与机柜固定螺栓孔的位置是否正确、基础槽钢水平度及不平度是否符合要求。

（2）蓄电池架应用螺栓与基础槽钢连接，架间各螺栓应连接可靠牢固。蓄电池柜安装工艺参考机柜连接工艺。

5.1.3.3 蓄电池安装

（1）蓄电池安装前观察外观是否完好、设备无损伤；型号、规格、内部功能配置、蓄电池容量等符合合同和技术联络会纪要要求；附件、备品、说明书及技术文件齐全。

（2）电池上架前，宜铺放绝缘胶垫，应用万用表检测各节电池端电压是否正常，按照图纸把电池上架就位，用电缆连接各电池及电池巡检仪，紧固各连接螺栓，蓄电池安装应平稳，间距均匀，单体蓄电池之间的间距不应小于 5mm，同一排（列）的蓄电池槽应高低一致，排列整齐。

（3）机柜内安装蓄电池前宜铺放绝缘胶垫，在蓄电池与电池架之间起到绝缘及缓冲的作用，且蓄电池架要与蓄电池室接地网可靠接地，接地线宜采用 35mm^2 黄绿双色线缆。蓄电池架上需要安装走线槽盒，使采集线布放与绑扎更加整齐美观。

（4）蓄电池组一般安装在支架或盘柜里，支架要求固定牢靠，水平误差在±5mm 范围内。

（5）蓄电池的安装顺序必须按照设计图纸或厂家图纸及提供的连接排（线）情况进行合理布置，蓄电池排列一致、整齐，放置平稳。

（6）蓄电池组正负极应有明显标志，蓄电池组端子连接处要使用压接式接线端子，螺栓垫片、弹簧垫片齐全，连接条紧固螺栓力矩符合说明书要求，连接处需涂抹凡士林或导电膏。

（7）测量并记录整组蓄电池的端部原始电压、单体蓄电池的原始电压，测量蓄电池的内阻。

（8）对蓄电池进行编号，编号要求清晰、齐全。安装结束后盖上蓄电池上部或蓄电池端子上的绝缘盖，以防发生短路现象。

5.1.3.4 连接线安装

（1）进行直流系统内部连接线的敷设和接线工作，包括交流输入电源、柜之间的母线连接、信号线的连接、柜与蓄电池的连接线、直流正极工作接地线、巡检仪信号采样线的

连接等。连接线的安装接线排列整齐、工艺美观。

（2）连接线安装前，首先要确认蓄电池输入熔丝处于拉开状态，以免带负载接入或发生短路现象。

（3）蓄电池出线宜加接线柱，直流线缆不宜直接从蓄电池正负极连接。

5.1.3.5 巡检仪安装

（1）巡检仪安装前应检查外观是否完好、设备无损伤；型号、规格、尺寸等符合合同和设计要求；说明书及技术文件齐全。

（2）巡检仪安装应平稳、固定牢固、美观。

（3）在蓄电池连接的同时，将单体电池的采样线同步接入，接入前首先要确认采样装置侧已接入，以免发生短路现象。采样线要求排列整齐，接线工艺美观。

（4）安装接线时，要按照安装接线图操作，接线时严格区分"工作电源线""通信线"和"电池信号采样线"以避免损坏机器。

（5）单体电池的编号顺序从电池组负端往正端，切勿接反。

5.1.3.6 蓄电池编号

（1）蓄电池柜中每块电池要粘贴带有数字的标签指明连接路径。

（2）层与层电池连接线应在两端粘贴标签并标明极性。

（3）所有标牌标签均应挂在或贴在同一高度或位置，保持美观。

（4）编号要求清晰、齐全。蓄电池上部或蓄电池端子要加盖绝缘盖，以防发生短路现象。

5.1.3.7 充电装置配置和调试

（1）确认交流电源输入系统、充电装置、监控模块直流母线等安装牢固、绝缘良好且符合设计要求。

（2）输入交流电源，如果为双电源输入，应进行双电源切换试验，试验结果准确、切换可靠。

（3）启动充电装置检查电流、电压等参数正常。同时，检查每个高频开关的状态（手动或自动），地址编码等，应符合厂家及设计要求。

（4）充电装置监控模块应与高频电源开关的通信正常，监视的状态与实际相符，监控模块内的参数设置符合产品要求。

5.1.3.8 蓄电池充放电

（1）确认蓄电池组安装结束，单体电池的采样装置开通并运行正常，能监测到整组及单体电池的电压，合上蓄电池组的充电熔丝，对电池进行充电。

（2）新安装的蓄电池组应进行全核对性放电试验，容量应达到 100%。允许进行三次充放电循环，若仍达不到额定容量值的 100%，则该组蓄电池为不合格。

（3）对不合格的电池应进行更换。电池更换后再次进行全核对性放电试验。

5.1.3.9 质量验收

（1）蓄电池组一般安装在支架或盘柜里，支架要求固定牢靠，水平误差在±5mm 范围内。蓄电池散力架需满足 14N/m²。

（2）蓄电池组正负极应有明显标志，蓄电池组端子连接处要使用压接式接线端子，螺栓垫片、弹簧垫片齐全，连接条紧固螺栓力矩符合说明书要求，连接处需涂抹凡士林或导电膏。

（3）测量并记录整组蓄电池的端部原始电压、单体蓄电池的原始电压，测量蓄电池的内阻，提供记录数据，提供蓄电池充放电报告。

5.1.4 示例图片

示例图片如图 5-2～图 5-9 所示。

图 5-2 蓄电池上架后效果

图 5-3 蓄电池安装前

图 5-4 蓄电池安装后

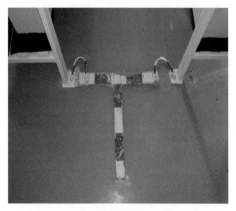

图 5-5 蓄电池架可靠接地

图 5-6 蓄电池走线槽示意

图 5-7 蓄电池走线槽示意

图 5-8 蓄电池走线槽示意

图 5-9 蓄电池编号效果

5.1.5 主要引用标准

GB 50172—2012《电气装置安装工程 蓄电池施工及验收规范》

DL/T 5344—2018《电力光纤通信工程验收规范》

Q/GDW 11442—2015《通信专用电源技术要求、工程验收及运行维护规程》

《国家电网公司输变电工程标准工艺工艺标准库（2016 年版）》

5.2 通信电源安装工艺

5.2.1 适用范围

本工艺适用于通信机房各类通信电源系统的安装。

5.2.2　施工流程

通信电源安装流程如图 5-10 所示。

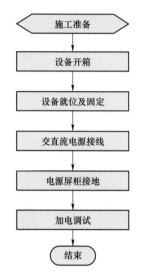

图 5-10　通信电源安装流程

5.2.3　工艺流程说明及主要质量控制要点

5.2.3.1　施工准备

（1）技术准备：熟悉施工图，熟悉电源系统配置，熟悉通信电源说明书。

（2）材料准备：镀锌螺栓、线帽管、屏蔽线、电缆头、热缩管等盘柜安装及二次接线所需材料等。

（3）人员组织：技术人员，安全、质量负责人，安装人员。

（4）机具准备：万用表、压接钳、螺丝刀、老虎钳、斜口钳子、扳手等，使用扳手等工具时要求绝缘，以免发生短路现象。

5.2.3.2　设备开箱

在开箱验货前应认真核实设计中设备及配件情况。开箱验货时要会同监理单位人员、设备厂家人员同时开箱，验货时要认真仔细，并依照国家电网有限公司对照片的要求拍照存档。对验货发现的与设计不符的情况，及时与现场监理、厂家人员沟通，出具书面材料经监理确认签字后报上级有关部门处理，不得擅自处理，验收完毕后需要妥善保管设备及配件。

5.2.3.3　设备就位及固定

机架安装位置符合设计要求，安装加固满足抗震设计要求，垂直水平符合验收规范要求。安装工艺参考机柜安装工艺。

5.2.3.4　交直流电源接线

（1）单体蓄电池间连接线安装完成后，开展蓄电池电缆与电源柜接线，电源侧要保证熔断器断开。

（2）电源线接线时要先用万用表核实电源线正确，核实电源线两端电压正确。接线时电源侧供电开关应关闭，负载侧机顶电源与设备电源开关在关闭状态。

（3）接线时，采用上走线绕开所用空气开关的接线方式。线缆插入空气开关不能留线头，接线后不应有飞线。直流线缆线径应与空气开关、接线柱一致。

（4）交流电源线应独立布放，要与直流线缆分两侧入柜，禁止与其他弱电信号线重叠与交叉。电源线与信号线平行敷设时，间距不小于300mm。每套通信电源应有两路分别取自不同母线的交流输入，并具备自动切换功能。

（5）施工前应充分考虑对原有电源设备的保护措施，操作工具要采用相应的绝缘措施，用绝缘胶带将金属工具裸露部分缠好，避免短路。严防螺栓、金属导线等掉落到机架内。

（6）敷设电源线缆应从机柜一侧布线，走线弯度要一致，转弯的曲率半径一般应大于电缆直径的6倍，排列整齐，绑扎均匀，连接牢靠。

（7）电源柜内电源线走线要横平竖直，留有预留走线空间。接线端处接线整齐牢固，留有足够的操作空间。

（8）直流电源线正极应使用螺母紧固。$6mm^2$及以下截面单芯缆线可采用铜芯线直接打圈方式终端紧固，但必须顺时针方向打圈；多芯导线应采用镀锡铜鼻子与设备接线端子进行压接紧固或焊接连接。

（9）电源线在配电屏分配输出位置时一定要考虑安全、方便和预留扩容等因素。带电连接时应先对负载端按规定操作完成，检查极性正确无误再接线。

5.2.3.5　通信电源正极工作接地

通信电源的正极母排要用不小于$35mm^2$地线进行接地。

5.2.3.6　加电调试

（1）送电前应使用万用表测量电源线正负极无短路现象。

（2）合上交流电源、蓄电池熔断器进行加电调试，按出厂说明书要求进行通电试验，按设计要求进行系统测试调整，并进行动环监控联调测试。

（3）通信电源系统投运前应进行蓄电池组全核对性放电试验、双交流输入切换试验及电源系统告警信号的校核。通信设备投运前应进行双电源倒换测试。

5.2.3.7　质量验收

（1）电源线接线时，要采用上走线绕开所用空气开关的接线方式。

（2）线缆插入空气开关不能留线头，接线后不应有飞线。直流线缆线径应与空气开关、接线柱一致。

（3）直流电源线接触面应使用螺母紧固。$6mm^2$及以下截面单芯缆线可采用铜芯线直接打圈方式终端紧固，但必须顺时针方向打圈；多芯导线应采用镀锡铜鼻子与设备接线端子进行压接紧固或焊接连接。

（4）敷设电源线缆应从机柜一侧布线，走线弯度要一致，转弯的曲率半径一般应大于电缆直径的 6 倍，排列整齐，绑扎均匀，连接牢靠。

（5）在双电源配置的站点，具备双电源接入功能的通信设备应由两套电源独立供电。禁止两套电源负载侧形成并联。

5.2.4　示例图片

示例图片如图 5-11～图 5-13 所示。

图 5-11　通信电源屏后侧配线

图 5-12　通信电源屏配线及标签

图 5-13　通信电源屏空气开关标签

5.2.5　主要引用标准

GB 50172—2012《电气装置安装工程蓄电池施工及验收规范》

DL/T 5344—2018《电力光纤通信工程验收规范》

Q/GDW 11442—2015《通信专用电源技术要求、工程验收及运行维护规程》

《国家电网公司输变电工程标准工艺工艺标准库（2016 年版）》

5.3 通信电源改造施工工艺

5.3.1 适用范围

本工艺适用于变电站机房通信电源（高频开关电源柜）负载不断电的更换改造。

5.3.2 施工流程

通信电源改造流程如图 5-14 所示。

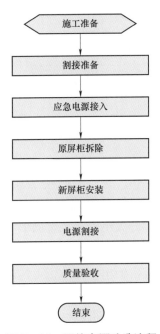

图 5-14 通信电源改造流程

5.3.3 工艺流程说明及主要质量控制要点

5.3.3.1 施工准备

（1）技术准备：熟悉施工图、施工方案、作业指导书、新旧电源系统配置、安全技术交底，确认割接时间内无停电计划。

（2）材料准备：镀锌螺栓、线帽管、线缆、铜鼻子、热缩管、应急电源及电池组、临时线缆等电源割接所需材料。

（3）人员组织：技术人员，安全、质量负责人，安装人员。

（4）机具准备：断线钳、液压钳、螺丝刀、套筒、斜口钳、扳手、万用表、钳形电流表、安全帽、绝缘手套、护目镜、绝缘垫、绝缘布等施工机具和安全防护用具。使用扳手等工具时要求绝缘处理。

5.3.3.2　割接准备

（1）对相关的通信设备做好数据备份，以防数据丢失。核实原高频开关电源柜运行参数，记录备案。

（2）当具备应急电源设备和接入条件时，宜采用应急电源接入的改造方案。应急电源应加电测试（根据实际情况，容量需高于总负载，并配备一组临时蓄电池组）。

（3）蓄电池组充放电试验，试验严格遵循蓄电池充放电规定要求，核对蓄电池组容量，如发现蓄电池容量不足应更换蓄电池组。

（4）新增高频开关电源柜加电测试，如新增监控系统应一起进行动环联合测试。

（5）应急电源线缆、新增高频开关电源柜线缆、蓄电池临时线缆预敷设。

（6）直流分配屏负极母排等施工位置使用绝缘材料防护。

（7）施工现场消防器材、安全救护设备准备到位；施工人员正确穿戴和使用个人防护用品，严禁在带电的母线上钻孔。

（8）熟悉施工位置，安排施工人员，准备割接。

5.3.3.3　应急电源接入

（1）应急电源交流输入线缆连接，直流输出空气开关应处于分闸状态，交流输入空气开关合闸设备加电，查看设备参数确认设备正常。

（2）禁止应急电源和原有高频开关电源在负载侧形成并接。

（3）应急电源直流输出线缆连接至直流分配柜，关停原有开关电源交流输入，应急电源直流输出空气开关合闸，查看直流输出电压是否正常。

（4）蓄电池组原有线缆拆除（先拆电池端后拆电源柜端），线缆接头做绝缘保护，使用临时线缆将蓄电池组连接至直流分配柜用以保护负载。

5.3.3.4　原屏柜拆除

（1）原高频开关柜直流输出空气开关分闸，观察应急电源及直流分配屏运行是否正常。

（2）原高频开关柜交流输入空气开关分闸，用万用表测量确认屏柜处于无电状态。

（3）断开原高频开关柜交流电源，用万用表测量确认交流输入已无电。

（4）松开线缆连接螺栓，拆除交流输入线缆、直流输出线缆等。

（5）拆除信号及其他辅助线缆，并对线缆头做绝缘保护。

（6）拆除过程中切不可碰触在运线缆和设备。

（7）移除屏柜，清理屏位灰尘，准备安装新屏柜。

5.3.3.5　新屏柜安装

屏柜安装加固满足抗震设计要求，垂直水平符合验收规范要求。安装工艺参考屏柜施工工艺。

5.3.3.6　设备割接

（1）依次连接并紧固交流输入、直流输出、蓄电池、信号等线缆。

（2）使用万用表依次测量蓄电池和交流输入的极性和电压，正确无误后依次合闸蓄电池空气开关、交流输入空气开关。

（3）检查设备参数正确无误，进行双交流输入切换试验及电源系统告警信号的校核。

（4）断开应急电源整流模块输出开关，合闸新增高频开关电源直流输出空气开关，观测设备系统运行是否正常。

（5）联合动环厂家对新增高频开关电源进行动环联调测试。

（6）应急电源无电流输出后，准备拆除应急电源。

（7）清理现场，观测电源系统运行情况，割接完成，做好机柜内防火封堵、线缆标识标签等工作。

5.3.3.7　质量验收

（1）核查新高频开关电源柜运行参数与记录备案的原高频开关电源柜参数是否一致。

（2）根据电源线缆长度、温度等现场实际情况，合理设置高频开关电源浮充和均充电压。

（3）其他质量标准参照蓄电池组安装工艺、通信电源安装工艺。

5.3.4　示例图片

示例图片如图 5-15～图 5-20 所示。

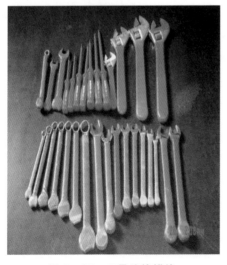

图 5-15　工具绝缘措施

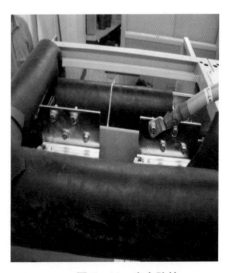

图 5-16　安全防护

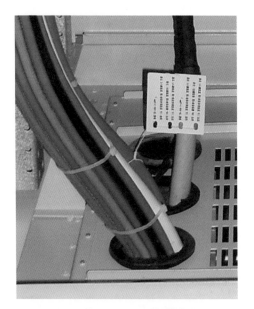

图 5-17　孔洞封堵

图 5-18　更换后的通信电源

图 5-19　更换完成的蓄电池组

图 5-20　割接完成

6 线缆布放及成端工艺

6.1 光纤配线单元安装工艺

6.1.1 适用范围

本工艺适用于光纤配线柜内子架安装。

6.1.2 施工流程

光纤配线柜内子架安装流程如图6-1所示。

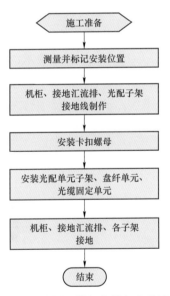

图6-1 光纤配线柜内子架安装流程

6.1.3 工艺流程说明及主要质量控制要点

6.1.3.1 施工准备

（1）材料准备：检查到货设备是否完整无损坏、数量是否满足施工图纸要求；根据安装光配单元的数量，确定所需的卡扣螺栓、螺母数量，及接地线长度和封闭式铜接线端子数量，并准备材料。

（2）技术准备：施工图纸交底，施工图、规范学习；核对施工图，确认光纤配线柜位置及柜内安装位置。

（3）人员组织：技术人员，安全、质量负责人，施工人员。

（4）机具准备：螺丝刀、老虎钳、端子压接钳等。

6.1.3.2　光纤配线单元安装

施工工艺应符合以下要求：

（1）机柜和柜内接地汇流排应分别使用一根截面积不小于 35mm² 多股铜线与机房环母相连；光配子架使用截面积不小于 6mm² 的多股铜线与柜内接地汇流排相连。接地线在保持美观同时应尽可能短。

（2）接地线开剥长度应与接线端子相适应，芯线插入端子后不应有外露。

（3）接地线端子压接时，应使用与端子尾部相适应的压接孔压接，压接应端正牢固，压接完成后使用黑色热缩套管封装接头处。

（4）光缆引入机柜前采用下走线方式的，光配子架宜从下至上依次安装；反之则从上至下依次安装。

（5）每两个光纤配线单元宜配置一个盘纤单元。

6.1.3.3　质量验收

（1）光配子架安装位置和数量应符合设计图纸要求。

（2）光配子架应安装水平、牢固，使用符合要求的接地线缆进行可靠接地。

（3）工程资料应包括施工设计图纸、设计变更、施工安装记录、产品说明书及合格证等。

6.1.4　示例图片

示例图片如图 6－2 和图 6－3 所示。

图 6－2　光纤配线单元安装正面

图 6－3　光纤配线单元安装背面

6.1.5 主要引用标准

DL/T 5344—2018《电力光纤通信工程验收规范》

Q/GDW 10759—2018《电力系统通信站安装工艺规范》

6.2 数字配线单元安装工艺

6.2.1 适用范围

本工艺适用于数字配线柜内子架安装。

6.2.2 施工流程

数字配线单元安装流程如图 6-4 所示。

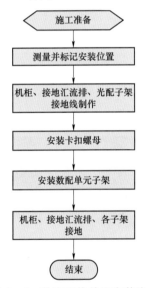

图 6-4 数字配线单元安装流程

6.2.3 工艺流程说明及主要质量控制要点

6.2.3.1 施工准备

（1）材料准备：检查到货设备是否完整无损坏、数量是否满足施工图纸要求；根据安装数配单元的数量，确定所需的卡扣螺栓、螺母数量、接地线长度和铜接线端子数量，并准备材料。

（2）技术准备：施工图纸交底，施工图、规范学习；核对施工图，确认数字配线柜位置及柜内安装位置。

（3）人员组织：技术人员，安全、质量负责人，施工人员。

（4）机具准备：螺丝刀、老虎钳、端子压接钳等。

6.2.3.2 数字配线单元安装

施工工艺应符合以下要求：

（1）数字配线宜采用 19″结构的模块化条形单元，单排子架每单元配置 8/10 对同轴接续组件；双排子架每单元配置 16/20 对同轴接续组件。

（2）每个数配单元子架正面应配置业务标签盒，单排子架需在正面同轴接续组件下方配置单条标签盒；双排子架需在正面各自同轴接续组件下方配置单条标签盒（即一个双排子架配置两个标签盒）。

（3）数配单元子架的接地点应用截面积不小于 6mm² 的多股铜线与机架侧面汇流排相连。

6.2.3.3 质量验收

（1）数配子架安装位置和数量应符合设计图纸要求。

（2）数配子架应安装水平、牢固，使用符合要求的接地线缆进行可靠接地。

（3）工程资料应包括施工设计图纸、设计变更、施工安装记录、产品说明书及合格证等。

（4）每个数配单元子架背面宜配置理线架。

6.2.4 示例图片

示例图片如图 6-5 和图 6-6 所示。

图 6-5 数字配线单元安装正面

图 6-6 数字配线单元安装背面

6.2.5 主要引用标准

DL/T 5344—2018《电力光纤通信工程验收规范》

Q/GDW 10759—2018《电力系统通信站安装工艺规范》

6.3　光纤配线架内线缆布放及成端工艺

6.3.1　适用范围

本工艺适用于光纤配线架内线缆布放及成端。

6.3.2　施工流程

光纤配线架内线缆布放及成端流程如图6-7所示。

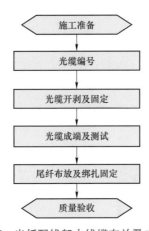

图6-7　光纤配线架内线缆布放及成端流程

6.3.3　工艺流程说明及主要质量控制要点

6.3.3.1　施工准备

（1）材料准备：检查线缆规格、数量和长度是否满足施工图纸要求。

1）光缆引入及成端所需材料：尼龙扎带、缠绕管、酒精棉等。

2）尾纤布放连接所需材料：尼龙扎带、波纹管、魔术贴扎带、防火堵料等。

（2）技术准备：施工图纸交底，施工图、规范学习；光缆熔接作业指导书交底。

（3）人员组织：光缆熔接技术人员，安全、质量负责人，施工人员。

（4）机具准备：斜口钳、老虎钳、剥线钳、美工刀、熔接机等。

6.3.3.2　光缆屏内布放及熔接成端

（1）光配屏内布线原则：光纤配线屏内，尾纤/尾缆应在柜内一侧（左/右）垂直走线区引入机柜，光缆应在对侧垂直走线区引入。现场施工条件困难无法满足左右分区原则时，应前后分区。

（2）光缆开剥及固定：

101

1）将光缆剥去护套。开剥长度约为光缆固定处至该光缆所熔接光配单元长度加上 80cm（熔接盘内估长），具体以现场测量为准。

2）剪去多余的填充绳，光缆松套管离开剥处留 2～3cm 左右，其余剥除。并用纸巾擦净缆膏。

3）在穿管之前应对松套管内纤芯做标记。把前一束管与后一束管内的裸纤减去 2～3cm 以便区分。

4）将松套管穿入透明裸纤保护子管，长度为裸纤长减 80cm。

5）开剥处用胶带缠绕固定后，再用热缩套管封口。

6）将光缆加强芯穿入喉箍上部螺孔内并锁紧,将未剥去护套的光缆头部使用喉箍固定于屏内固定单元上。

7）将保护子管缠好缠绕管并沿机柜一侧垂直走线区引下绑扎固定，挂标识牌。光缆在屏内不得余留。

（3）光缆引入光配单元及固定：将缠好缠绕管的光纤保护子管单元沿屏柜一侧垂直走线区，引入至光配单元的熔接盘内，光纤保护子管单元扎成圆线把，每隔 200mm 绑扎一次，每隔 300mm 固定一次，弯曲半径大于 100mm（见图 6-8～图 6-10）。

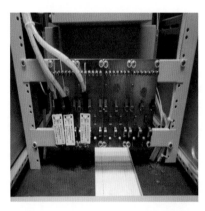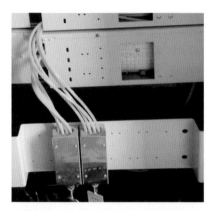

图 6-8　光缆引入及绑扎

图 6-9　光缆引下　　　　　　　　　　图 6-10　尾纤穿管引下

（4）光缆成端及盘放：光纤保护子管单元引入熔接盘后应与熔接盘用扎带固定，固定位置离保护管口 2～3cm，将套管中的纤芯按照色谱顺序与盘内熔接尾纤对应熔接，熔接后使用 OTDR 测试，接续点单点双向平均损耗应小于 0.05dB（1550nm）。熔接后将纤芯整齐盘放在熔接盘内（见图 6-11）。纤芯弯曲半径须大于 40mm，可采用环形或 8 字盘放，严禁直角弯。

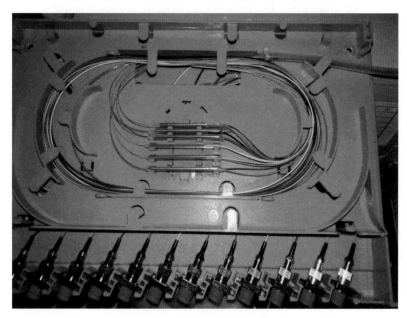

图 6-11　熔接盘内尾纤盘放

（5）同一个熔接盘不宜接入两根及以上光缆。

6.3.3.3　尾纤/尾缆屏内布放和连接

（1）光配屏内布线原则：光纤配线屏内，尾纤/尾缆应在柜内一侧（左/右）垂直走线区引入机柜，光缆应在对侧垂直走线区引入。现场施工条件困难无法满足左右分区原则时，应前后分区。

（2）尾纤在屏柜外应穿保护子管（尾缆可穿保护子管），进柜后子管需伸出机柜底部100mm 后截断，截面应光滑平整，断口处应填充防火堵料妥善封堵。

（3）尾纤/尾缆应沿屏内一侧垂直走线区引下单独捆扎，每隔 200mm 绑扎一次，每隔300mm 固定一次。

（4）尾纤/尾缆进入光配子盘后应按照图纸要求与对应法兰连接，接入法兰时尾纤应弯曲成弧形，每根尾纤的弯曲弧度应一致。在子盘内尾纤的绑扎应使用魔术贴扎带。尾纤/尾缆与法兰对接后应在尾纤/尾缆 2～3cm 处粘贴标签。

（5）尾纤/尾缆弯曲半径至少为外径的 10 倍，在施工过程中至少为 20 倍。

（6）尾纤头部应保持清洁，备用尾纤应加盖防尘帽。

（7）多余尾纤/尾缆应盘留在盘纤单元内，可采用环形或8字盘绕方法，盘绕应松紧适度，不得过紧，也不应过松而出现明显的弧垂。尾纤/尾缆的余留一般不应超过2圈。在盘纤单元内尾纤的绑扎应使用魔术贴扎带，如图6-12所示。

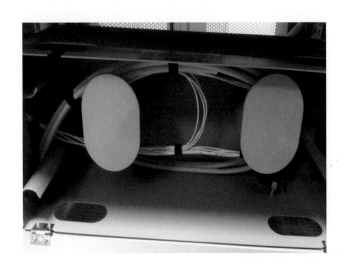

图6-12　盘纤单元内尾纤的盘绕

6.3.3.4　质量验收

（1）缆线的布放应自然平直，排列整齐，不得产生扭绞、打圈、接头等现象，不应受外力的挤压和损伤；缆线在布放后两端应有标签，以标明起始和终端位置，标签书写应清晰、端正和正确。

（2）光纤配线屏内，尾纤/尾缆应在柜内一侧（左/右）垂直走线区引入机柜，光缆应在对侧垂直走线区引入。现场施工条件困难无法满足左右分区原则时，应前后分区。

（3）熔接后使用OTDR测试，接续点单点双向平均损耗应小于0.05dB（1550nm）。

（4）熔接时纤芯弯曲半径应大于40mm，尾纤/尾缆弯曲半径宜至少为外径的10倍，在施工过程中至少为20倍。

（5）尾纤/尾缆与光配内法兰的连接顺序应符合施工图纸要求。

（6）工程资料应包括施工设计图纸、设计变更、施工安装记录、光缆测试记录等。

6.3.4　主要引用标准

DL/T 5344—2018《电力光纤通信工程验收规范》

YD/T 901—2018《通信用层绞填充式室外光缆》

Q/GDW 10759—2018《电力系统通信站安装工艺规范》

6.4　数字配线架内线缆布放及成端工艺

6.4.1　适用范围

本工艺适用于数字配线架/屏内线缆布放及成端。

6.4.2　施工流程

数字配线架内线缆布放及成端流程如图6-13所示。

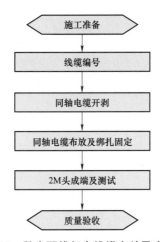

图6-13　数字配线架内线缆布放及成端流程

6.4.3　工艺流程说明及主要质量控制要点

6.4.3.1　施工准备

（1）材料准备：检查线缆规格、数量和长度是否满足施工图纸要求；检查同轴电缆端子规格是否满足设计要求、是否与线缆规格匹配；准备尼龙扎带、焊锡丝、同轴电缆端子等材料。

（2）技术准备：施工图纸交底，施工图、规范学习；同轴电缆端子焊接作业指导书交底。

（3）人员组织：同轴电缆端子焊接技术人员，安全、质量负责人，施工人员。

（4）机具准备：剥线钳、压接钳、斜口钳、美工刀、剪刀、30～40W电烙等。

6.4.3.2　数字配线架内线缆布放及绑扎

（1）数配屏内布线原则：数字配线屏内，传输设备出线应在柜内一侧（左/右）垂直走线区引入机柜，用户侧线缆应在对侧垂直走线区引入，如图6-14所示。现场施工条件困难无法满足左右分区原则时，应前后分区。

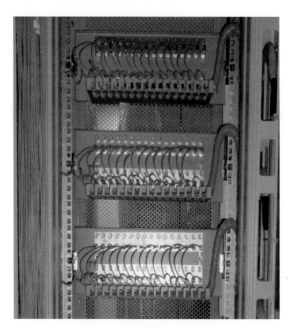

图 6-14　数配架内线缆布放

（2）数配端子接线原则：建议数配端子上端子定义为用户侧，下端子定义为设备侧，传输设备线缆接数配下端子，用户线缆接数配上端子，数配端子接线应遵循一定规则，且方便运行单位后期业务接入和运维。

（3）入屏前应对每一芯线逐一编号，根据编号应可区分不同设备出线。

（4）设备侧同轴电缆进入数配屏时，一般从屏右侧引下（从机柜后视），最上面一层数配单元的引入同轴电缆应紧靠立柱绑扎，第二层数配的引入同轴电缆紧靠第一层数配电缆绑扎，以此类推一层一层进行绑扎，要求所有扎带同一方向并在同一水平位置上，扎带之间的距离为 20～30cm 且保证统一。

（5）若数配机柜内两侧安装有走线槽盒，则同轴电缆由机柜下引上时进走线槽盒，至最上层数配单元同轴电缆应从走线槽盒内靠近后门侧引下，逐层往前进行编扎，最终形成 F 型走线形式。

（6）同轴电缆外护套开剥位置应在该数配条理线器水平位置向下 3cm 处，剥开同轴电缆外护套处需用热缩套管进行封口（同一数配单元内几根电缆开剥高度应一致），并做相应标签。开剥后的同轴电缆进入数配条理线器前应预留相应长度，线缆应使用缠绕管保护并弯成 U 形，以便数配单元在维护时开合自如。

（7）同轴电缆进入数配单元理线器后，按照编号逐根对应端子进行绑扎（以正面从左到右顺序进行绑扎）。绑扎完毕后从正面依次进行线序核查，无误后根据端子位置剪去多余缆线，并保证所有缆线的长度一致，然后进行西门子头的制作。

（8）数字配线架内同轴电缆布放应顺直、整齐美观、松紧适度。同一设备出线应单独绑扎，每隔 200～300mm 绑扎固定一次。下端子成端同轴电缆从屏内同侧从上至下整齐绑扎至屏底的同侧孔洞引出，连接上端数配单元的电缆靠后，连接下端数配单元的同轴电缆靠前，可多层绑扎。

（9）接入设备同轴电缆由传输设备同轴电缆对侧引入机柜，绑扎工艺与传输设备同轴电缆一致。

（10）同轴电缆的弯曲半径应至少为电缆外径的 10 倍。

6.4.3.3 同轴电缆成端

（1）数字配线架侧同轴电缆端子均为 L9 头（西门子头），根据芯线规格不同应选取对应型号的成端，常用同轴电缆规格为 SYV75-2-1 和 SYV75-1-1，使用 L9 头（西门子头）时应对应不同的规格的同轴电缆，严禁以大代小，如图 6-14 所示。

（2）L9（西门子）终端头制作工艺流程详见本章 6.7.3，如图 6-15 所示。

图 6-15 L9 头焊接成品

6.4.3.4 质量验收

（1）缆线的布放应自然平直，排列整齐，不得产生扭绞、打圈、接头等现象，不应受外力的挤压和损伤；缆线在布放后两端应有标签，以标明起始和终端位置，标签书写应清晰、端正、正确。

（2）线缆应满足数配屏内布线和接线原则。

（3）同轴电缆芯线焊接端正、牢固，焊锡适量，焊点光滑、不带尖、不成瘤形。组装同轴电缆插头时，配件应齐全，位置正确，装配牢固。

（4）同轴电缆的弯曲半径应至少为电缆外径的 10 倍。

（5）同轴电缆端子的连接顺序应符合施工图纸要求。

（6）工程资料应包括施工设计图纸、设计变更、施工安装记录、2M 端子开通测试记录等。

6.4.4　主要引用标准

DL/T 5344—2018《电力光纤通信工程验收规范》

Q/GDW 10759—2018《电力系统通信站安装工艺规范》

6.5　电力电缆敷设及成端工艺

6.5.1　适用范围

本工艺适用于变电站、调度大楼内通信站用电力电缆敷设及成端。

6.5.2　施工流程

电力电缆敷设及成端流程如图 6-16 所示。

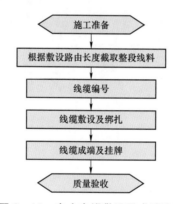

图 6-16　电力电缆敷设及成端流程

6.5.3　工艺流程说明及主要质量控制要点

6.5.3.1　施工准备

（1）材料准备：核对线缆规格，根据敷设路由确定所需线缆长度和数量；确认线缆无机械损伤；准备尼龙扎带、热缩套管、铜接线端子等材料。

（2）技术准备：施工图纸交底，施工图、规范学习；核对施工图确认敷设路由和两端位置。

（3）人员组织：技术人员，安全、质量负责人，施工人员。

（4）机具准备：剥线钳、电工刀、压接钳、斜口钳、热风枪、断线钳等。

6.5.3.2　线缆敷设一般工艺要求

（1）通信设备与其他二次设备合用机房时，线缆沟内敷设应遵照从上到下、由强电到弱电的顺序排列。通信设备区电缆沟内的电缆桥架，上层用于电力电缆的敷设，中层用于同轴电缆、音频电缆等线缆的敷设，下层用于光缆及尾纤的敷设，尽量避免信号线与电源线的交叉。

（2）柜内线缆布放时，尾纤、中继电缆等弱电线缆敷宜设在机柜的一侧走线区，电源电缆和较粗的电缆敷设在机柜对侧走线区，柜内空间无法满足左右两侧出线的要求时，宜前后区分走线区。敷设在垂直走线区的线缆均应在垂直方向按类别分组每隔 200mm 绑扎一次，每隔 300～600mm 固定一次，弯曲转弯处增加一次绑扎和固定，绑扎后的线缆应互相紧密靠拢，外观平直整齐。

（3）交、直流电力电缆应分离布放，平行布放间距应不小于 100mm，交叉布放间距应不小于 500mm（隔板分隔或穿管时可不小于 250mm）。

（4）电力电缆与信号线缆应分离布放，平行布放间距应不小于 130mm，交叉布放间距应不小于 500mm（隔板分隔或穿管时可不小于 250mm）。

（5）线缆绑扎时，应视不同情况使用不同规格的扎带，尽量避免使用两根或两根以上的扎带连接后并扎，以免绑扎后强度降低。扎带扎好后，应将多余部分齐根平滑剪齐，在接头处不得留有尖刺。电缆绑成束时扎带间距尽量一致，线扣结的位置和方向也应保持一致，而且线扣结应尽可能置于隐蔽处。电缆转弯前后应绑扎，转弯处不得绑扎。绑扎成束的电缆转弯时，应尽量采用大弯曲半径以免在电缆转弯处应力过大造成内芯断芯，如图 6-17 所示。

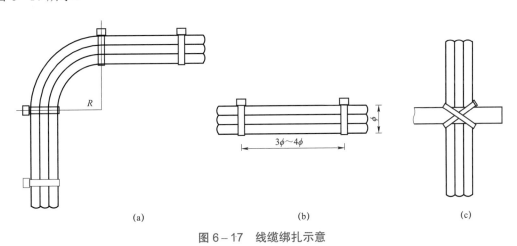

图 6-17　线缆绑扎示意

（a）转弯绑扎；（b）直行绑扎；（c）在桥架上绑扎

6.5.3.3　通信用电力电缆分类与选材

（1）通信用电力电缆主要有两类：一类是直流 -48V 电力电缆，主要为 SDH 传输设备、程控交换机和 PCM 等设备供电；另一类是交流 220V 电力电缆，主要为交换机控制系统、录音设备、调度台和网络交换机等设备供电。

（2）通信直流电源电缆应采用红蓝分色电缆，蓝色为电源负极线，红色为电源正极线，正极应接地。保护电缆一般情况下为黄绿相间色电缆。三相四线制交流电缆相线采用黄、绿、红色，零线采用蓝色。单相电缆的相线采用黄色，零线采用蓝色。

6.5.3.4 电力电缆敷设绑扎

（1）电缆敷设前应根据施工图纸对敷设路由进行复核，根据路由长度截取整段线料，然后对同时敷设的线缆统一依次编号，防止错接；通信机房每套通信电源的两根动力交流电缆取自不同的交流母线，宜不同路由进入通信机房。

（2）电力电缆最小弯曲半径应满足：转弯的曲率半径一般应大于电缆直径的 6 倍。

（3）电缆应排列整齐、走向合理，不宜交叉错层，在桥架上敷设时无下垂现象。

（4）在电缆沟或电气竖井内垂直敷设或大于 45°倾斜敷设的电缆应在每个支架上固定。

（5）在梯架、托盘或槽盒内大于 45°倾斜敷设的电缆应每隔 2m 固定，水平敷设的电缆，首尾两端、转弯两侧及每隔 5～10m 处应设固定点。

（6）电缆敷设时不得损伤导线绝缘层。电缆的布放须便于维护，并合理利用桥架或槽盒，尽量预留后续扩容空间。

（7）电缆穿越外墙洞时应预留"S"弯。穿越墙壁或楼层的洞口两端应按要求用阻燃材料的盖板堵封洞口。

（8）电缆敷设直线段每 50～100m 处、电缆转弯处、穿越墙壁或防火墙两侧均应悬挂标识牌。

6.5.3.5 电力电缆成端

（1）截面积在 10mm² 及以下的单股铜芯线和单股铝／铝合金芯线可直接与设备或器具的端子连接。

（2）截面积在 2.5mm² 及以下的多芯铜芯线应接续端子或拧紧搪锡后再与设备或器具的端子连接。

（3）截面积大于 2.5mm² 的多芯铜芯线，除设备自带插接式端子外，应接续端子后与设备或器具的端子连接；多芯铜芯线与插接式端子连接前，端部应拧紧搪锡。

（4）多芯铝芯线应接续端子后与设备、器具的端子连接，多芯铝芯线接续端子前应去除氧化层并涂抗氧化剂，连接完成后应清洁干净。

（5）每个设备或器具的端子接线不超过一个电缆或接线端子。

（6）当采用螺纹型接线端子与导线连接时，其拧紧力矩值应符合产品技术文件的要求，当无要求时，应符合 GB 50303—2015《建筑电气工程施工质量验收规范》的规定。

（7）绝缘导线、电缆的线芯连接端子规格应与线芯的规格适配，且不得采用开口端子。

（8）电力电缆进柜后应整齐排列，单层布置的电缆头制作高度应一致，多层布置的电缆头高度可一致或从里往外逐层降低。同类设备的电缆头应高度和样式一致。

（9）进入屏内电缆的外层护套宜在进屏后 150～300mm 的高度统一剥去，所有缆线应从屏两侧走，所有细线缆应捆扎成小把，然后与其他电缆排列成纵向（从前往后看）的直线队列。

（10）电缆端头制作时，应剥离电缆绝缘内护套使露出的线芯长度刚好与接线端子（铜鼻子）可靠连接为限。采用与电缆线径相配套、符合载流要求的闭环型接线端子套入电缆芯线，冷压成端，并加热缩套管。套管颜色应与线缆相色相符，套管长度应统一适中，热缩均匀。

（11）电缆成端后两端应有标签，以标明起始和终端位置，标签书写应清晰、端正和正确。

6.5.3.6 质量验收

（1）电缆规格、敷设路由符合施工图纸要求。

（2）线缆布放间距和弯曲半径符合规范要求。

（3）缆线的布放应自然平直，排列整齐，不得产生扭绞、打圈、接头等现象，不应受外力的挤压和损伤；缆线在布放后两端应有标签，以标明起始和终端位置，标签书写应清晰、端正、正确。

（4）工程资料应包括施工设计图纸、设计变更、施工安装记录等。

6.5.4　示例图片

示例图片如图 6−18 和图 6−19 所示。

图 6−18　电力电缆敷设

图 6−19　电力电缆柜内接线

6.5.5　主要引用标准

GB 50168—2018《电气装置安装工程　电缆线路施工及验收规范》

GB 50217—2018《电力工程电缆设计规范》

GB 50303—2015《建筑电气工程施工质量验收规范》

GB 50311—2016《综合布线系统工程设计规范》

DL/T 5161—2018（所有部分）《电气装置安装工程质量检验及评定规程》

DL/T 5344—2018《电力光纤通信工程验收规范》

Q/GDW 10759—2018《电力系统通信站安装工艺规范》

6.6 尾纤/尾缆敷设及连接工艺

6.6.1 适用范围

本工艺适用于变电站、调度大楼内通信站尾纤/尾缆敷设及连接。

6.6.2 施工流程

尾纤/尾缆敷设及连接流程如图6-20所示。

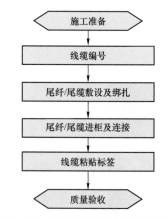

图6-20 尾纤/尾缆敷设及连接流程

6.6.3 工艺流程说明及主要质量控制要点

6.6.3.1 施工准备

（1）材料准备：根据施工图纸和现场实际情况核对线缆规格，数量和长度；确认线缆无机械损伤；准备尼龙扎带、魔术贴扎带、波纹管、防火堵料等材料。

（2）技术准备：施工图纸交底，施工图、规范学习；核对施工图确认敷设路由和两端位置。

（3）人员组织：技术人员，安全、质量负责人，施工人员。

（4）机具准备：美工刀、斜口钳、剪刀、红光笔等。

6.6.3.2　线缆编号

尾纤/尾缆敷设前应进行统一编号，编号应可区分不同设备的出线。

6.6.3.3　尾纤/尾缆敷设及绑扎

（1）线缆敷设应满足本章 6.5.3 的要求。

（2）尾纤/尾缆敷设前应根据施工图纸对敷设路由和两端连接设备进行复核，确认线缆数量、长度和规格满足要求。

（3）尾纤/尾缆弯曲半径宜至少为外径的 10 倍，在施工过程中至少为 20 倍。

（4）机房内尾纤应穿保护子管，一般用保护尾纤专用的波纹管。尾缆可不穿管直接布放。

（5）尾纤/尾缆布放时要先理顺，然后逐一布放，并且在布放中要边整理边布放。尾纤要收、发成对布放，不能把尾纤/尾缆折成直角，在拐弯处应弯成弧形并满足弯曲半径要求，尾纤/尾缆绑扎时不得过于勒紧。

（6）尾纤/尾缆敷设前用光源、光功率计进行检测，确保尾纤/尾缆性能完好。

6.6.3.4　尾纤/尾缆进柜及连接

（1）尾纤穿子管进柜时，子管需伸出机柜底部 100mm 后截断，截面应光滑平整，断口处应填充防火堵料妥善封堵。

（2）尾纤/尾缆应沿屏内一侧垂直走线区引下单独捆扎，每隔 200mm 绑扎一次，每隔 300mm 固定一次。

（3）尾纤/尾缆进入光纤配线单元子盘后应按照图纸要求与对应法兰连接，接入法兰时尾纤应弯曲成弧形，每根尾纤的弯曲弧度应一致。在子盘内尾纤的绑扎应使用魔术贴扎带。尾纤/尾缆与法兰对接后应粘贴标签。

（4）尾纤头部应保持清洁，备用尾纤应加盖防尘帽。

（5）多余尾纤/尾缆应盘留在盘纤单元内，可采用环形或 8 字盘绕方法,盘绕应松紧适度,不得过紧，也不应过松而出现明显的弧垂。在盘纤单元内尾纤的绑扎应使用魔术贴扎带。

6.6.3.5　线缆粘贴标签

尾纤/尾缆布放及连接完成后，应在线缆两端粘贴标签，标签内容应包含线缆两端设备名称和端口号。

6.6.3.6　质量验收

（1）尾纤/尾缆数量、长度和规格应满足施工图纸要求和现场需求。

（2）线缆布放间距和弯曲半径符合规范要求。

（3）缆线的布放应自然平直，排列整齐，不得产生扭绞、打圈、接头等现象，不应受外力的挤压和损伤；缆线在布放后两端应有标签，以标明起始和终端位置，标签书写应清晰、端正、正确。

（4）尾纤/尾缆布放完成后应使用光源、光功率测试是否有纤芯损伤。

（5）工程资料应包括施工设计图纸、设计变更、施工安装记录等。

6.6.4 示例图片

示例图片如图 6-21～图 6-24 所示。

图 6-21 尾缆敷设

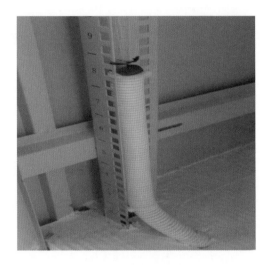

图 6-22 尾纤进柜

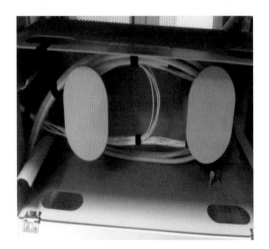

图 6-23 尾缆盘绕

图 6-24 纤芯与光配法兰的对接

6.6.5 主要引用标准

GB 50303—2015《建筑电气工程施工质量验收规范》

GB 50311—2016《综合布线系统工程设计规范》

DL/T 5344—2018《电力光纤通信工程验收规范》

YD/T 901—2018《通信用层绞填充式室外光缆》

Q/GDW 10759—2018《电力系统通信站安装工艺规范》

6.7 同轴电缆敷设及成端工艺

6.7.1 适用范围

本工艺适用于变电站、调度大楼内通信站同轴电缆敷设及成端。

6.7.2 施工流程

同轴电缆敷设及成端流程如图 6–25 所示。

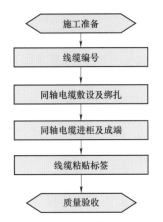

图 6–25 同轴电缆敷设及成端流程

6.7.3 工艺流程说明及主要质量控制要点

6.7.3.1 施工准备

（1）材料准备：根据施工图纸和现场实际情况核对线缆规格，数量和长度；确认线缆无机械损伤；准备尼龙扎带、焊锡丝、同轴电缆端子等材料。

（2）技术准备：施工图纸交底，施工图、规范学习；同轴电缆端子焊接作业指导书交底；核对施工图确认敷设路由和两端位置。

（3）人员组织：同轴电缆端子焊接技术人员，安全、质量负责人，施工人员。

（4）机具准备：剥线钳、压接钳、斜口钳、美工刀、剪刀、30～40W 电烙铁等。

6.7.3.2 线缆编号

同轴电缆敷设前应进行统一编号，编号应可区分不同设备的出线。

6.7.3.3 同轴电缆敷设及绑扎

（1）线缆敷设应满足本章 6.4.3 的要求。

（2）同轴电缆敷设前应根据施工图纸对敷设路由和两端连接设备进行复核，确认线缆数量、长度和规格满足要求。

（3）同轴电缆的弯曲半径应至少为电缆外径的 10 倍。

（4）同轴电缆由机柜敷设至数字配线架（DDF）架时，敷设过程中应注意不要将电缆拉紧，放线后多余电缆不应全部剪掉，走线留有余地。在走线槽中或在活动地板下布放的线缆应按机柜分别绑扎，电缆应顺直，布放完后应排列整齐，外皮无损伤，并在必要的地方留有余量。

6.7.3.4 同轴电缆进柜及成端

（1）数字配线屏内布线原则：数字配线屏内，传输设备出线应在柜内一侧（左/右）垂直走线区引入机柜，用户侧线缆应在对侧垂直走线区引入。现场施工条件困难无法满足左右分区原则时，应前后分区。

（2）数字配线单元端子接线原则：建议数配端子上端子定义为用户侧，下端子定义为设备侧，传输设备线缆接数配下端子，用户线缆接数配上端子，数配端子接线应遵循一定规则，且方便运行单位后期业务接入和运维。

（3）数字配线架内线缆布放应顺直，整齐美观、松紧适度。同一设备出线应单独绑扎，每隔 200～300mm 绑扎固定一次。B 端子成端电缆从屏内同侧从上至下整齐绑扎至屏底的同侧孔洞引出，连接上端数配单元的电缆靠后，连接下端数配单元的电缆靠前，可多层绑扎。

（4）数字配线架侧同轴电缆端子均为西门子头，设备侧常用同轴电缆端子有西门子和BNC 两类，确定端头种类后还需根据对应芯线的规格选取不同套管粗细的端头。常用同轴电缆规格为 SYV75－2－1 和 SYV75－1－1。

（5）西门子终端头（L9）制作：

1）将线缆依次穿入护套和小套管，如图 6－26 所示。

2）同轴电缆剥线长度约 13mm，屏蔽层铜丝和内部绝缘层余留长度约 9mm，同轴电缆内芯露出绝缘层长度约 4mm，如图 6－27 所示。

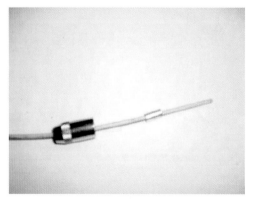

图 6－26　同轴电缆穿管顺序

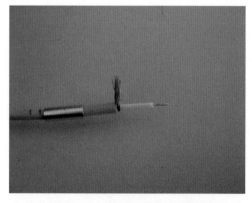

图 6－27　同轴电缆开剥后效果

3）安装小套管后铜丝应无外露，铜丝与内芯间的屏蔽层刚好抵住 2M 头中心导管，如

图 6-28 所示。

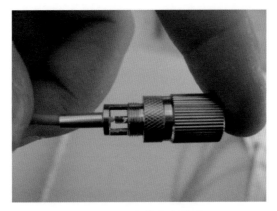

图 6-28 安装小套管后

4）选取压接钳上合适的压孔压制中继头。

5）内芯焊接，接头应端正、牢固，焊锡适量，焊点光滑、不带尖、不成瘤形。

6）组装同轴电缆插头时，配件应齐全，位置正确，装配牢固。

7）使用万用表测试内芯与外皮的电阻应趋向于无穷大。

（6）BNC 终端头制作：

1）焊接型 BNC 头制作方法和西门子头基本相同。区别在于线缆蔽层铜网需穿过 BNC 端子头部线夹孔洞，并与线夹外侧焊接固定。免焊型 BNC 头使用固定螺栓固定并连接线芯，使用尾部线夹直接夹紧固定并连接屏蔽层铜网，如图 6-29 所示。

2）冷压式 BNC 头制作：冷压式 BNC 头分为头部、插针和套管三部分（见图 6-30），制作时需将线缆芯线插入插针并使用专用压接工具压紧，然后将插针从 BNC 头尾部中央插入，最后将线缆屏蔽层部分套入套管内并使用专用压接工具压紧。

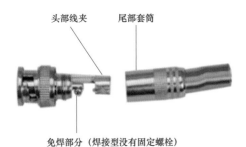

图 6-29 免焊螺纹固定型 BNC 头

图 6-30 冷压式 BNC 头

6.7.3.5 线缆粘贴标签

同轴电缆敷设成端完后，设备侧出线多根电缆统一挂牌，挂牌内容应包含线缆规格、两端设备名称和板卡号；业务侧出线应每一对业务线单独粘贴标签，标签内容应包含业务名称、两端设备名称和端口号。

6.7.3.6 质量验收

（1）线缆的数量、长度、规格以及端子的数量和规格应满足施工图纸要求和现场需求。

（2）线缆布放间距和弯曲半径符合规范要求。

（3）缆线的布放应自然平直、排列整齐，不得产生扭绞、打圈、接头等现象，不应受外力的挤压和损伤；缆线在布放后两端应有标签，以标明起始和终端位置，标签书写应清晰、端正、正确。

（4）同轴电缆成端后缆线预留长度应整齐、统一。电缆各层开剥尺寸应与电缆头相应部分相匹配。电缆芯线焊接应端正、牢固，焊剂适量，焊点光滑、不带尖、不成瘤型。电缆剖头处加装热缩套管时，热缩套管长度应统一适中，热缩均匀。同轴电缆插头的组装配件应齐全，位置正确，装配牢固。

（5）同轴电缆成端后，应使用万用表测量两端外皮对外皮、内芯对内芯的导通性，外皮对内芯的绝缘性。

（6）工程资料应包括施工设计图纸、设计变更、施工安装记录、2M 开通测试记录等。

6.7.4 示例图片

示例图片如图 6－31 和图 6－32 所示。

图 6－31 同轴电缆敷设及绑扎

图 6－32 同轴电缆成端

6.7.5 主要引用标准

GB 50303—2015《建筑电气工程施工质量验收规范》

GB 50311—2016《综合布线系统工程设计规范》

DL/T 5344—2018《电力光纤通信工程验收规范》

Q/GDW 10759—2018《电力系统通信站安装工艺规范》

6.8 网线/音频电缆敷设及成端工艺

6.8.1 适用范围

本工艺适用于变电站、调度大楼内通信站对网线/音频电缆敷设及成端。

6.8.2 施工流程

网线/音频电缆敷设及成端流程如图6-33所示。

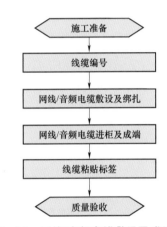

图6-33 网线/音频电缆敷设及成端流程

6.8.3 工艺流程说明及主要质量控制要点

6.8.3.1 施工准备

（1）材料准备：根据施工图纸和现场实际情况核对线缆规格，数量和长度；确认线缆无机械损伤；准备尼龙扎带、水晶头等材料。

（2）技术准备：施工图纸交底，施工图、规范学习；核对施工图确认敷设路由和两端位置。

（3）人员组织：技术人员，安全、质量负责人，施工人员。

（4）机具准备：剥线钳、网线钳、斜口钳、美工刀、剪刀、音频线卡刀、网线测试仪、对线器等。

6.8.3.2 线缆编号

网线/音频电缆敷设前应进行统一编号，编号应可区分不同设备的出线。

6.8.3.3 网线/音频电缆敷设及绑扎

（1）线缆敷设应满足本章 6.5.3 的要求。

（2）网线/音频电缆敷设前应根据施工图纸对敷设路由和两端连接设备进行复核，确认线缆数量、长度和规格满足要求。

（3）非屏蔽和屏蔽 4 对对绞电缆的弯曲半径不应小于电缆外径的 4 倍；主干对绞电缆的弯曲半径不应小于电缆外径的 10 倍。

（4）网线/音频线敷设和绑扎可参照本章 6.7.3 的要求。

6.8.3.4 网线/音频电缆柜内布线

（1）音频配线屏/网络配线屏内布线原则：设备出线应在柜内一侧（左/右）垂直走线区引入机柜，用户侧线缆应在对侧垂直走线区引入。现场施工条件困难无法满足左右分区原则时，应前后分区。网络、音频配线架示意如图 6-34 和图 6-35 所示。

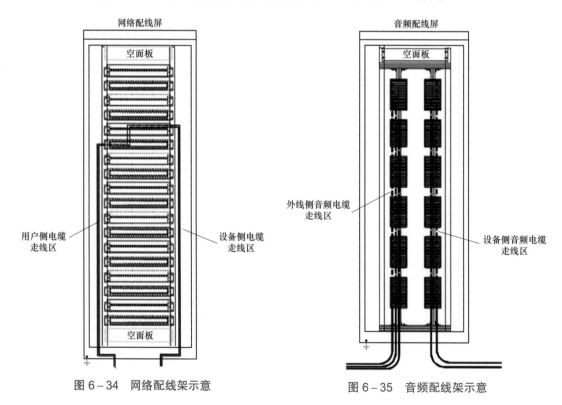

图 6-34 网络配线架示意　　　　图 6-35 音频配线架示意

（2）音配端子接线原则：音配端子分左右两列，一列为保安模块，定义为 A 面，接入用户线缆；一列为测试模块，定义为 B 面，接入设备出线。每条（或几条）测试排端子对应一套设备出线，避免混淆。

（3）音频/网络配线架内线缆布放应顺直、整齐美观、松紧适度。同一设备出线应单独绑扎，每隔 200～300mm 绑扎固定一次。测试模块成端电缆从屏内同侧从上至下整齐绑扎至屏底的同侧孔洞引出，连接上端音配模块的电缆靠后，连接下端音配模块的电缆靠前，可多层绑扎。

（4）网线端接前应使用标尺确保端接后保留的预留长度相同，1 个配线架中所有的网线在端接后全部等长。

（5）网线应平行布放在模块中间的走线槽内，其护套边沿与模块的边沿基本对齐。

6.8.3.5　网线/音频电缆成端

（1）网线成端（水晶头制作）：

1）EIA/TIA 568A 标准线序为白绿、绿、白橙、蓝、白蓝、橙、白棕、棕；EIA/TIA 568B 标准线序为白橙、橙、白绿、蓝、白蓝、绿、白棕、棕。直通线时两端一样，一般使用 568B 标准。交叉线时，一端是 568A，另一端是 568B。

2）使用网线钳的刀片部分剥开网线的外皮，如图 6-36 所示。

3）整理线序（按照 568B 线序整理），使芯线尽量摊平、排直，如图 6-37 所示。线缆最后余留长度应适当。过长则线对不再互绞而增加串扰，且水晶头不能压住护套而可能导致电缆从水晶头中脱出；过短则可能导致水晶头铜质压片与缆线接触不良。

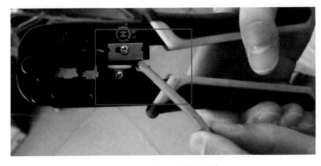

图 6-36　网线开剥

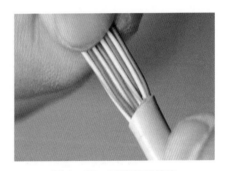

图 6-37　网线整理线序

4）将整理好的线缆插入水晶头中，使用网线钳压接紧实即可。

5）制作完成后应使用网线测试仪测通。

（2）音频电缆成端：

1）音频电缆应在转弯接入对应模块前 50～100mm 处开剥护套，并在开剥处使用热缩套管封口。开剥过程中应注意不可损伤内芯。

2）音频电缆应按照设计图纸的色谱顺序与模块进行对接。

3）卡接前应尽量减少互绕线对的分离，卡接过程应快速准确、一气呵成。

4）线缆成端后，应使用对线器测试。

6.8.3.6　线缆粘贴标签

网线/音频电缆敷设及成端完成后应粘贴标签：网线应在两端粘贴标签，内容应包含业务名称、两端设备名称和端口号；音频电缆应按照出线设备区分，同一设备出线统一挂牌，挂牌内容应包含线缆规格数量、两端设备名称和出线设备板卡号。

6.8.3.7　质量验收

（1）线缆的数量、长度、规格以及端子的数量和规格应满足施工图纸要求和现场需求。

（2）线缆布放间距和弯曲半径符合规范要求。

（3）缆线的布放应自然平直、排列整齐，不得产生扭绞、打圈、接头等现象，不应受外力的挤压和损伤；缆线在布放后两端应有标签，以标明起始和终端位置，标签书写应清晰、端正、正确。

（4）音频电缆与连接器件连接应认准线号、线位色标，不得颠倒和错接。网线与 8 位模块式通用插座相连时，必须按色标和线对顺序进行卡接。

（5）网线/音频电缆成端后需使用仪表验证线对次序和导通性。

（6）工程资料应包括施工设计图纸、设计变更、施工安装记录等。

6.8.4　示例图片

示例图片如图 6-38 和图 6-39 所示。

图 6-38　网线敷设及绑扎

图 6-39　网线柜内接线

6.8.5　主要引用标准

GB 50303—2015《建筑电气工程施工质量验收规范》

GB 50311—2016《综合布线系统工程设计规范》

DL/T 5344—2018《电力光纤通信工程验收规范》

Q/GDW 10759—2018《电力系统通信站安装工艺规范》

6.9　标签制作及粘贴工艺

6.9.1　适用范围

本工艺适用于信息、通信机房内标签制作及粘贴。

6.9.2　施工流程

标签制作及粘贴如图 6-40 所示。

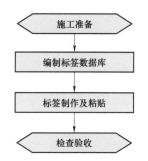

图 6-40　标签制作及粘贴流程

6.9.3　工艺流程说明及主要质量控制要点

6.9.3.1　施工准备

（1）技术准备：设计图纸交底；施工图、规范学习。

（2）材料准备：根据需求准备不同规格的标签耗材。

（3）人员组织：施工负责人，技术负责人，安全、质量负责人，标签制作人员。

（4）机具准备：标签打印机、美工刀等。

6.9.3.2　编制标签数据库

根据施工图纸、标签规范和现场实际情况，使用专用标签制作软件编制标签数据库。

6.9.3.3　标签制作及粘贴

1. 机柜门楣标签

（1）位置：机柜门楣。

（2）形式：软标签、粘贴型。

（3）内容要求：机柜所属通信机房编号＋"／"＋机柜编号＋设备资产所属公司简称＋"／"＋设备类型＋"／"＋设备厂家简称＋"＃"＋设备序号（因机柜门楣标签由变电站统一制作，因而在施工期间只用软标签把正式内容标示清楚）。

机柜门楣标签效果示例如图6-41所示。

H1/R08 国/溪浙光/华为（SDH）

H1/R09/国/光纤配线架/普天#1

H1/R05/国/数字配线架/普天#2

图6-41 机柜门楣标签效果示例

2. 设备标签

（1）位置：粘贴于设备表面。

（2）形式：软标签、粘贴型。

（3）内容：国家电网有限公司LOGO，机柜名称（具体要求见机柜标识命名原则）、设备型号、运维单位、投运时间、维护责任人、电话。

（4）字体：汉字为宋体，字母及数字为Times New Roman，字体颜色为黑色。

（5）规格：推荐70mm×50mm，长方形小圆角。上方8mm白色，左上角有国家电网有限公司标准LOGO及本单位信息，下方为国网标准色彩（C100 M5 Y50 K40 PANTONE 3292C，透明度60%）。

（6）材质：基材为聚合类材料，具备1mm厚度，背胶采用永久性丙烯酸类乳胶，室内使用10~15年（按照UL969标准及ROHS指令的技术要求测试并通过的材料）。

设备标签效果示例如图6-42所示。

图6-42 设备标签效果示例

6.9.3.4 机顶直流分配单元标签制作及粘贴

（1）位置：粘贴于对应 PDU 每个开关下方（如下方没位置也可粘贴有开关上方）。

（2）形式：软标签、粘贴型。

（3）内容：子架号、设备名、方向、主备用、第几路。

机顶直流分配单元标签效果示例如图 6-43 所示。

图 6-43 机顶直流分配单元标签效果示例

6.9.3.5 光方向标签制作及粘贴

（1）位置：粘贴于光盘对应光口位置。

（2）形式：软标签、粘贴型。

（3）内容：光方向、主备用、带宽（该光盘如四光口就画 4 个方框，未使用的光口如内有光模块就在此方框内加一粗黑方框）。

光方向标签效果示例如图 6-44 所示。

6.9.3.6 直流电源线标签制作及粘贴

（1）位置：电源线的两端均应加贴标识，粘贴于距端口与线缆连接处 3～5cm 的位置上。

（2）形式：旗型签、粘贴型。

（3）内容要求：本端端口为对应的上游电源端口的编号（端口编号为 H×R×SR×P×，其中"P"为端口编号）；对端端口为对应的上游电源端口的编号（端口编号为 H×R×SR×P×，其中"P"为端口编号）；业务名称为所供电的机柜或机框名称；电源类型为电源电缆传送的电源的类型和电压等级，如直流 48V、交流 220V。

（4）字体：汉字为宋体，字母及数字为 Times New Roman，字体颜色为黑色。

（5）材质：基材为聚合类材料，背胶采用永久性丙烯酸类乳胶，室内使用 10～15 年（按照 U 西门子 69 标准及 ROHS

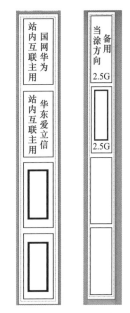

图 6-44 光方向标签效果示例

指令的技术要求测试并通过的材料）。

（6）规格：使用红色（C0 M100 Y100 K0），使用 P 形或 T 形，其中 P 形应用于垂直走向电源线，T 形应用于水平走向电源线，推荐 40mm×32mm＋40mm。用于设备电源线标识。

直流电源线标签及现场示例如图 6−45 和图 6−46 所示。

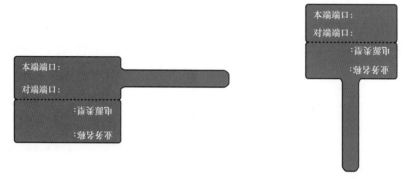

图 6−45　直流电源线标签

图 6−46　直流电源线标签现场示例

6.9.3.7　尾纤标签制作及粘贴

（1）位置：粘贴于尾纤跳线上，距离 DDF/ODF 端口连接处 3～5cm。

（2）形式：旗型签、粘贴型。

（3）内容要求：本端端口为对应的本端光纤配线架或者光传输设备端口的编号（端口编号为 H×R×SR×P×，其中"P"为端口编号）；对端端口为对应的对端光纤配线架或光传输设备端口的编号（端口编号为 H×R×SR×P×，其中"P"为端口编号）；光纤极性为光纤收/发；业务名称为承载的业务名称或其他能够表述承载业务的文字描述；方式单号为尾纤连接对应的方式单号，如没有方式单则此项省略。

（4）字体：汉字为宋体，字母及数字为 Times New Roman，字体颜色为黑色。

（5）材质：基材聚合类材料，背胶采用永久性丙烯酸类乳胶，室内使用 10～15 年（按照 U 西门子 69 标准及 ROHS 指令的技术要求测试并通过的材料）。

（6）规格：使用蓝色（C55 M35 Y0 K0），对承载保护、安控等重要业务的专用线缆使用橙色（C0 M35 Y100 K0），使用 P 形或 T 形，其中 P 形应用于垂直走向尾纤，T 形应用于水平走向尾纤，推荐 33mm×24mm+30mm。

尾纤标签及现场示例如图 6-47 和图 6-48 所示。

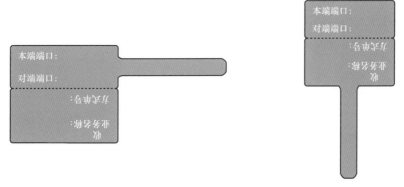

图 6-47　尾纤标签

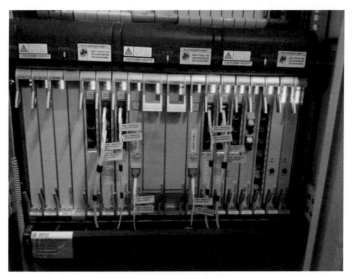

图 6-48　尾纤标签现场示例

6.9.3.8　同轴电缆标签制作及粘贴

（1）位置：2M 线缆两端均应加贴标识，粘贴于距端口与线缆连接处 3～5cm 的位置上。

127

（2）形式：旗型签、粘贴型。

（3）内容要求：本端端口为对应的本端数字配线架或传输设备端口的编号（端口编号为 H×R×SR×P×，其中"P"为端口编号）；对端端口为对应的对端数字配线架或者传输设备端口的编号（端口编号为 H×R×SR×P×，其中"P"为端口编号）；业务名称为承载的业务名称或其他能够表述承载业务的文字描述；方式单号为尾纤连接对应的方式单号，如没有方式单则此项省略。

（4）字体：汉字为宋体，字母及数字为 Times New Roman，字体颜色为黑色。

（5）材质：基材为聚合类材料，背胶采用永久性丙烯酸类乳胶，室内使用 10～15 年（按照 U 西门子 69 标准及 ROHS 指令的技术要求测试并通过的材料）。

（6）规格：使用蓝色（C55 M35 Y0 K0），对承载保护、安控等重要业务的专用线缆使用橙色（C0 M35 Y100 K0），使用 P 形或 T 形，其中 P 形应用于垂直走向 2M 线，T 形应用于水平走向 2M 线，推荐 33mm×24mm＋30mm。

同轴电缆标签及现场示例如图 6-49 和图 6-50 所示。

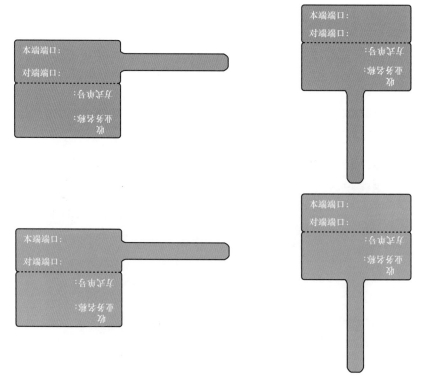

图 6-49　同轴电缆标签

6.9.3.9　双绞线标签制作及粘贴

（1）位置：网线两端均应加贴标识，粘贴于距端口与线缆连接处 3～5cm 的位置上。

图 6－50　同轴电缆标签现场示例

（2）形式：旗型签、粘贴型。

（3）内容要求：本端端口为对应的本端网络配线架端口或网络设备端口的编号（端口编号为 H×R×SR×P×，其中"P"为端口编号）；对端端口为对应的对端网络配线架端口或者网络设备端口的编号（端口编号为 H×R×SR×P×，其中"P"为端口编号）；业务名称为承载的业务名称或其他能够表述承载业务的文字描述；方式单号为尾纤连接对应的方式单号，如没有方式单则此项省略。

（4）字体：汉字为宋体，字母及数字为 Times New Roman，字体颜色为黑色。

（5）材质：基材为聚合类材料，背胶采用永久性丙烯酸类乳胶，室内使用 10～15 年（按照 U 西门子 69 标准及 ROHS 指令的技术要求测试并通过的材料）。

（6）规格：使用白色（C0 M0 Y0 K0），对承载保护、安控等重要业务的专用线缆使用橙色（C0 M35 Y100 K0），使用 P 形或 T 形，其中 P 形应用于垂直走向网线，T 形应用于水平走向网线，推荐 40mm×32mm＋40mm。

双绞线标签及现场示例如图 6－51 和图 6－52 所示。

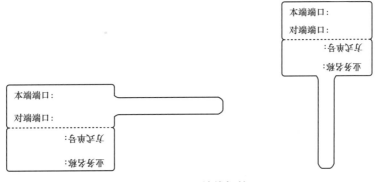

图 6－51　双绞线标签

图 6-52　双绞线标签现场示例

6.9.3.10　音频标签制作及粘贴

（1）位置：音配模块侧空余位置上。

（2）形式：软标签、粘贴型。

（3）内容要求：音频模块端口位置、接入设备、方向。

音频标签及现场示例如图 6-53 和图 6-54 所示。

X3模块	B2模块
01-32回至行政软交换 IAD#1 槽位0 32对音频电缆 41-72回至行政软交换 IAD#1 槽位1 32对音频电缆	51-70对主控楼三层 20对分线盒 71-100回至主控楼四层 30对分线盒

图 6-53　音频标签示例

图 6-54　音频标签现场示例

6.9.3.11   数字配线单元标签制作及粘贴

（1）位置：插入于每条数字配线单元下方标签条。

（2）形式：插入放置。

（3）内容：分上下两部分，上部为对应 2M 端子的业务名称，下部为对应传输设备出线端子。

（4）字体：汉字为宋体，字母及数字为 Times New Roman，字体颜色为黑色。涉及保护、安稳及源网荷等业务使用红底黑字（使用 9mm 红色软标签）。

（5）规格：推荐 EXCEL 编辑（每单元格行高 28，列宽 17），A4 纸打印裁剪。

（6）材质：纸。

数字配线单元标签及现场示例如图 6-55 和图 6-56 所示。

调度数据二级网 主用（华东）	调度数据二级网 备用（华东）	调度数据网 备用（省网）	调度数据网 主用（省网）
省网/思科 15454E SDH H1/R28/SR2 SL18-01	省网/思科 15454E SDH H1/R28/SR2 SL18-02	省网/思科 15454E SDH H1/R28/SR2 SL18-03	省网/思科 15454E SDH H1/R28/SR2 SL18-04

安塘Ⅱ线第一套分相电流 差动保护 B 通道 J344B	安塘Ⅰ线第二套分相电流 差动保护 B 通道 J343B	安塘Ⅰ线第一套分相电流 差动保护 B 通道 J342B	
国/中兴 S385 SDH H1/R24/SR3 SL62-61	国/中兴 S385 SDH H1/R24/SR3 SL62-62	国/中兴 S385 SDH H1/R24/SR3 SL62-63	

图 6-55   数字配线单元标签示例

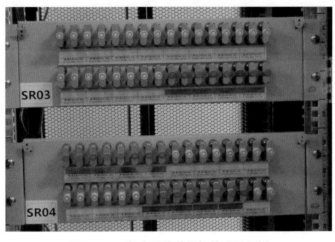

图 6-56   数字配线单元标签现场示例

6.9.3.12   光纤配线单元子架内光盘标签制作及粘贴

（1）位置：粘贴于对应光纤配线单元子盘空白处。

（2）形式：软标签、粘贴型。

（3）内容：盘号、电压等级、方向、Ⅰ回/Ⅱ回、光缆性质、芯数。

光纤配线单元子架内光盘标签及现场示例如图 6−57 和图 6−58 所示。

图 6−57　光纤配线单元子架内光盘标签示例

图 6−58　光配子架内光盘标签现场示例

6.9.3.13　硬牌标签制作及粘贴

（1）位置：光缆、音频电缆、电源电缆（所有至室外的线缆）首尾处、进入机柜内、转弯处及穿越墙壁的两边处绑扎硬标牌；在两转弯之间距离每隔 10～20m 需加挂一块硬标牌。

（2）形式：硬标牌绑扎（绑扎材料使用与变电站电缆绑扎的材料一致）。

（3）内容：线缆名称、线缆型号、起点位置和终点位置。

（4）字体：汉字为宋体，字母及数字为 Times New Roman，字体颜色为黑色。

（5）规格：推荐 68mm×32mm，长方形小圆角，短边一侧开双孔利于绑扎。

（6）材质：PVC 板。

硬牌标签及现场示例如图 6−59 和图 6−60 所示。

名称：500kV福牌5K52线导引光缆
（保护用前6芯）

型号：GYFTZY-12B1

起点：500kV继电器室保护光纤配线屏

终点：500kV福牌5K52线门架接续盒

名称：主控楼通信机房至新220kV
继电器1#小室 音频电缆

型号：SBW 10×2×0.5

起点：主控楼通信机房通信音配屏

终点：新220kV 1#小室10对分线盒

图 6-59　硬牌标签示例

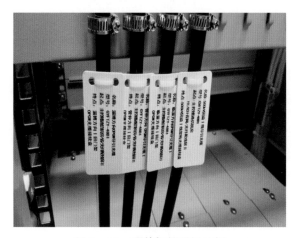

图 6-60　硬牌标签现场示例

6.9.3.14　检查验收

（1）标签标识制作应符合《国家电网公司通信站标识体系规范》要求，全部采用机打，禁止手写。标签应准确、清晰、整齐，统一采用黑色字体，电源标识采用红色加以区分，涉及保护安稳等业务标签应按《国家电网公司通信站标识体系规范》使用采用不同颜色加以区分。

（2）设备标签应悬挂在设备的同一位置，要求平整、美观，不能遮盖设备出厂标识。

（3）线缆两端均应有标签，以标明起始和终端位置。

（4）标签材质、内容应符合《国家电网公司通信站标识体系规范》的要求。

6.9.4　主要引用标准

《国家电网公司通信站标识体系规范》

6.10　线缆保护穿管工艺

6.10.1　适用范围

本工艺适用于缆线穿管施工。

6.10.2　施工流程

线缆保护穿管流程如图 6−61 所示。

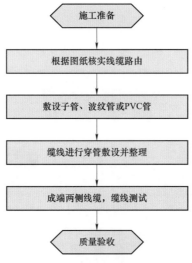

图 6−61　线缆保护穿管流程

6.10.3　工艺流程说明及主要质量控制要点

6.10.3.1　施工准备

（1）材料准备：工程所配置的导引光缆、子管及配套的束接、扎线、钢管配套的封堵装置、光缆标牌。

（2）技术准备：安全交底、核对施工图、核对厂家安装指导手册及工程的相关规范，编制作业指导书，确认工艺符合设计及工程要求。

（3）人员组织：施工负责人、技术负责人、现场安全员、安装技能人员。

（4）机具准备：放线盘、穿管器、尼龙扎带、绝缘胶带、美工刀、熔接机、OTDR、稳定光源、光功率计、斜口钳、活动扳手、钢卷尺等工具。

6.10.3.2　穿管类型说明

（1）子管穿管敷设：站内导引光缆在电缆沟无槽盒部分穿 PE 保护子管。

（2）波纹管穿管敷设：站内通信机房尾纤穿波纹管。

（3）PVC 管穿管敷设：通信机房内，在没有桥架和槽盒时，无外护套的直流电源线、网线、2M 线（同轴电缆）等线缆可根据现场情况穿硬质 PVC 管或槽盒。

6.10.3.3　光缆穿保护子管施工

施工工艺应符合以下要求：

（1）导引光缆在无槽盒内的电缆沟内应穿设 PE 保护子管进行保护，并在电缆沟支架上进行绑扎。

（2）每根子管内穿放一条光缆，子管在通道内不得有接头，子管内应穿放光缆牵引绳。

（3）有多根光缆同一路由时应排列整齐，施工时转弯处转弯外径应大于 25 倍光缆外径，静态弯曲半径应大于 15 倍光缆外径，且应在转弯两侧悬挂相应的光缆标识牌。

（4）穿管时，先尝试把光缆直接穿放入子管，如能穿通，则确认光缆引出的长度。注意一定不能直接将光缆剪得过短，必须预留下一步操作的长度。

（5）若无法直接穿缆时，应使用穿管器。如穿管器在穿放过程中阻力较大，可在管孔内倒入适量的润滑剂或在穿管器上直接涂上润滑剂，再次尝试把穿管器穿入管孔内。

（6）当穿管器顺利穿通管孔后，把穿线器的一端与光缆连接起来，制作合格的光缆牵引端头（穿管器牵引线的端部和光缆端部相互缠绕20cm，并用绝缘胶带包扎，但不要包得太厚）。将光缆牵引入管时的配合应由二人同时进行作业，双方必须互相沟通，例如牵引开始的信号、牵引时的互相间口令、牵引的速度以及光缆的状态等。由于牵引端的作业人员看不到放缆端的作业人员，所以不能勉强硬拉光缆。将光缆牵引出管孔后，应分别用手和眼睛确认光缆引出段上是否有凹陷或损伤。

（7）光缆在门构架钢管引上时在钢管内应敷设子管，子管应高出钢管5cm 左右，并用相应的钢管专用封堵盒进行封堵，电缆沟内如有槽盒，子管应敷设在槽盒内 20cm 左右，并与槽盒进行至少 2 点固定，防止扭伤光缆，在遇有过路管道无槽盒时，均应敷设子管保护并与两侧槽盒进行绑扎，并挂光缆标识牌。

6.10.3.4　线缆穿波纹管施工

施工工艺应符合以下要求：

（1）选择波纹管布放路由，波纹管应尽量安装在人手无法触及的地方，且不要设置在有损美观的位置，一般宜采用外径不小于 25mm 的波纹管。

（2）安装管卡并固定波纹管，在路由的拐角或建筑物的凹凸处，波纹管需保持一定的弧度后安装固定。

（3）设备尾纤敷设应穿波纹管保护，弯曲半径不得小于 8cm，并在转弯处两侧与桥架绑扎固定，直线部分每高 30～40cm 绑扎一次波纹管，进机柜应高出柜底封堵20cm，并至少绑扎两道材料应挂在距机柜底部10cm 处。

（4）当水平波纹管直线段长超过 30m 或段长超过 15m 并且有 2 个以上的 90°弯角时，应设置过路盒。

（5）波纹管口用防火材料进行封堵，尾纤出管后，应整齐不得互相缠绕，并用魔术贴进行整理尾纤至传输设备或储纤单元内。

6.10.3.5　线缆穿 PVC 管施工

（1）PVC 穿管布线，一般用于建筑物内综合布线内的电话、网络、有线电视等数据线的敷设，不同类型的缆线需单独进行穿管敷设。

（2）保护电线用的塑料管及其配件必须由阻燃处理的材料制成，塑料管外壁应有间距不大于 1m 的连续阻燃标记和制造厂标，且不应敷设在温度较高和易受机械损伤的场所。

（3）PVC 弯管的制作方法可采用热煨法或冷煨法。冷煨法适用于 $\phi 15 \sim \phi 25$ 管径的管子在常温下的弯制。注意要使用与管径相匹配的弯管弹簧，不得以小代大。在弯曲较长时先将铁丝在弯管弹簧上拴好，以便弯完后将弹簧拉出。低温施工弯管时，可先用布将管子需要弯曲的部位摩擦生热后再进行煨制。热煨法是用热风机等无明火方法加热管子进行弯管。无论采用哪种加热方法均不得出现将管子烤伤、变色、破裂等质量问题。将弯好后管子的弯曲部分放在冷水中即可定型。

（4）塑料管的弯曲半径不得小于管外径的 6 倍，埋设在地下或混凝土楼板内时，不得小于管外径的 10 倍。管的弯曲部分不得有褶皱、凹穴和裂缝现象，弯扁程度不应大于管外径的 10%。

（5）测定盒、箱及管路的固定点位置：明装时，按照图纸测出盒、箱、出线口等安装点的准确位置，并在测定的位置做好标识，要标出支架、吊架的位置；暗装时，根据图纸设计的要求，在需要布管的位置上，将已测定好的位置进行弹线标识，以备配管用。

（6）稳固（埋）盒、箱、管路：明装时，先固定两端的支架、吊架，然后再拉线固定中间的支架、吊架。一般情况时，固定可以采用胀管法、木砖法、预埋铁件焊接法、稳注法、剔注法、抱箍法等方法；暗装时，在砖混结构中，可在墙体砌筑时，将管子直接敷设在墙上测定好的位置上，混凝土结构工程也应随着混凝土工程的施工，将管路在浇注混凝土前敷设好，为使管路不被损坏，应在机械、人员经常路过的部位将此处的管子上绑扎一根短管（不可利用的废管），以增加管路的机械强度。

（7）管路连接：管口应平整、光滑，管与管、管与盒、管与箱等器件应采用插入法连接，接口应牢固紧密。管与管之间采用套管连接时，套管的长度应为管外径的 1.5～3 倍，管口在套管中应对缝平齐，管与器件连接时，插入的深度应为管外径的 1.1～1.8 倍。连接应采用套箍连接（包括端接头接管），使用配套的塑料管胶黏剂，均匀涂在管外壁上，且管口应到位、平齐，在黏结 1min 内不得移动。与盒连接时必须使用盒上的专用敲落孔，要求孔的直径与管的直径一致配套。管与箱的连接要求一管一孔顺直进入箱中，内锁母紧贴箱壳。

（8）管路明敷设时，支架、吊架位置正确、间距均匀。管路水平敷设时，高度不得低于 2000mm，垂直敷设时，高度不得低于 1500mm（1500mm 以下应加保护套管）。管路敷设要做到横平、竖直、美观的要求；管路暗敷设时，管路垂直或水平敷设时，每隔 1m 间距应有一个固定点，在弯曲部位应在圆弧的两端 300～500mm 处加一个固定点。管进盒、箱，要求一管穿一孔，先接端接头，再用锁紧螺母固定。

（9）在剪力墙内的管路敷设：管路应敷设在两层钢筋的中间，管进盒、箱时应煨成灯叉弯，弯路每隔 1m 用镀锌铁丝绑扎牢固，弯曲部位按要求固定。注意：预留管的管口要有防堵措施。

（10）在混凝土楼板内管路的敷设：根据建筑物房间的实际使用空间尺寸及墙的厚度等，确定好灯位及开关、插座的位置后，再进行管路敷设，要求所有管子进盒、箱用内锁母将管与盒、箱固定牢固，所有在板内预埋的盒必须在浇注混凝土前做好封堵处理，避免浇注时将混凝土流入盒中，造成堵塞，不利于穿线。

6.10.4　示例图片

示例图片如图 6-62 所示。

(a)

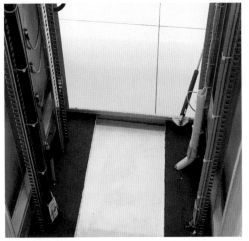

(b)

图 6-62　光纤穿波纹管

（a）光缆穿 PE 子管保护；（b）尾纤穿波纹管保护

6.11 线缆敷设模块化理线器

6.11.1 适用范围

适用于变电站、调度大楼内通信机房线缆敷设的固定。

6.11.2 施工流程

线缆敷设模块化理线器应用流程如图6-63所示。

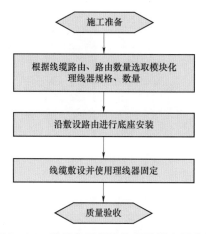

图6-63 线缆敷设模块化理线器应用流程

6.11.3 工艺流程说明及主要质量控制要点

6.11.3.1 施工准备

（1）材料准备：核对线缆规格，根据敷设路由、线缆规格和线缆敷设路由数量确定所需模块化理线器规格和数量，准备固定螺栓等材料。

（2）技术准备：施工图纸交底，施工图、规范学习；核对施工图确认敷设路由和两端位置。

（3）人员组织：技术人员，安全、质量负责人，施工人员。

（4）机具准备：内六角螺丝刀等。

6.11.3.2 线缆模块化理线器一般工艺要求

（1）固定模块化理线器底座使用配套的内六角螺栓，并且将底座固定在桥架中心位置，模块化理线器间距为300mm。

（2）线缆敷设位于模块化理线器中间位置，并利用压片间海绵压紧条紧固线缆，使线缆保持笔直敷设，无扭曲、交叉，相邻的模块化理线器间线缆平整、无下垂。

（3）模块化理线器进行多层线缆敷设固定时，需紧固固定螺栓，无松动、歪斜的现象。

6.11.3.3　模块化理线器参数

（1）材质：阻燃 ABS 工程塑料。

（2）长度：80mm/124mm/160mm/190mm。

（3）宽度：40mm。

（4）质量：13g/19g/24g/29g。

（5）用途：外径 $\phi 5 \sim \phi 60$ 的线缆。

（6）构造：由压板、垫块和内六角螺栓组合而成（其中压板一侧带有高弹性海绵压紧条，辅助固定线缆）。

6.11.3.4　模块化理线器安装

1. 敷设强电线缆的模块化固线器安装

（1）模块化理线器压板同时也是模块理线器的安装底座，通过压板中间长条形安装孔，使用内六角螺栓将模块理线器固定在 U 形钢线缆桥架上。

（2）将模块化理线器底板沿敷设路由固定于桥架中央，间距为 300mm。

（3）将 $16mm^2$ 电源线布放于底板中央，使用 5mm 垫块将电源线分组隔离，再压上压板，利用压板间的固定海绵条将电源线进一步加固，使电源线布放笔直、不下垂。

（4）使用内六角螺栓将压板、垫块、底座通过螺孔进行固定，要保持固定后的压板与垫块不留缝隙，整体稳固。

（5）使用模块化理线器布放完第一层电源线后，可依次进行第二、三层的电源线布放、固定，其中每层的螺孔都按照对角线排列，直至全部完成。

2. 敷设弱电线缆的模块化固线器安装

（1）模块化理线器压板同时也是模块理线器的安装底座，通过压板中间长条形安装孔，使用内六角螺栓将模块理线器固定在 U 形钢线缆桥架上。

（2）将模块化理线器底板沿敷设路由固定于桥架中央，间距为 300mm。

（3）将 2M 线布放于底板中央，使用 2 个 5mm 垫块将 2M 线分组隔离，再压上压板，利用压板间的固定海绵条将 2M 线进一步加固，使 2M 线布放笔直、不下垂。

（4）使用内六角螺栓将压板、垫块、底座通过螺孔进行固定，要保持固定后的压板与垫块不留缝隙，整体稳固。

（5）使用模块化理线器布放完第一层 2M 线后，可依次进行第二、三层的 2M 线布放、固定，其中每层的螺孔都按照对角线排列，直至全部完成。

6.11.3.5　质量验收

模块化理线器底座固定应当牢固，所使用的理线器应采用统一规格、材质、颜色，模块化理线器连接螺栓采用统一型号和材质，模块化理线器之间间距应相同。

6.11.4 示例图片

示例图片如图 6-64～图 6-66 所示。

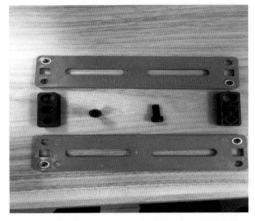

图 6-64 阻燃 ABS 工程塑料材质模块化理线器

图 6-65 高弹性海绵压紧条

图 6-66 U 形钢桥架固定

6.12 RJ45 网线口物理防护的应用

6.12.1 适用范围

适用于变电站、调度大楼内通信机房内设备的 RJ45 网线口物理防护。

6.12.2 施工流程

RJ45 网线口物理防护的应用流程如图 6-67 所示。

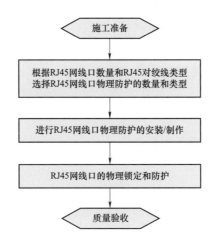

图 6-67 RJ45 网线口物理防护的应用流程

6.12.3 工艺流程说明及主要质量控制要点

6.12.3.1 施工准备

（1）材料准备：核对设备 RJ45 网线口和对绞线类型（成品线或需要现场制作对绞线），根据 RJ45 网线口数量和对绞线类型选择使用 RJ45 水晶头锁或 RJ45 水晶头锁止保护套以及数量；准备 RJ45 水晶头等材料。

（2）技术准备：施工图纸交底，施工图、规范学习；核对施工图确认 RJ45 网线口以及对绞线。

（3）人员组织：技术人员，安全、质量负责人，施工人员。

（4）机具准备：网线钳、网络测线仪等。

6.12.3.2 RJ45 网线口物理防护一般工艺要求

（1）RJ45 水晶头锁安装需确切核实使用的 RJ45 对绞线，将 RJ45 水晶头锁安装到对绞线水晶头底部，使用水晶头锁的卡榫将水晶头锁与水晶头进行固定。

（2）使用水晶头锁止保护套，在进行水晶头压线时同时要将护套爪压入水晶头内。

6.12.3.3 RJ45 网线口物理防护的分类与选材

对 RJ45 网线口进行物理防护，根据机房现场的不同情况，可以有 RJ45 水晶头锁和 RJ45 水晶头锁止保护套两种方式。

（1）RJ45 水晶头锁：对于物理层面的网络安全，RJ45 水晶头锁可以阻挡对现有网络基础设备未授权的访问，对于网络停机、数据安全漏洞、基础设备维修以及失窃造成的硬件更换。RJ45 水晶头锁一般应用于已运行的机房或已完成敷设的成品线。

（2）RJ45 水晶头锁止保护套：RJ45 水晶头锁止保护套即 RJ45 水晶头尾端带有锁止功能的 PC 材质保护套，主要用于保护 RJ45 水晶头，防止其氧化，还可以防水防尘，避免发生接触不良现象，并且具备锁定功能，防止 RJ45 水晶头从断口处脱落。在小型网络或机房中，如果使用彩色水晶头保护套，对线路的分组、分类更容易识别和维护。

6.12.3.4　RJ45 网线口物理防护的安装

（1）使用 RJ45 水晶头锁时，先将钥匙插入 RJ45 水晶锁内（钥匙上的白色刻线与锁上的白色刻线对齐），将钥匙顺时针旋转 90°，将水晶头锁插入 RJ45 水晶头上，然后将 RJ45 对绞线插入设备的端口，将钥匙转回原来位置，白线互相对齐，拔出钥匙，即完成对 RJ45 对绞线物理层面的安全防护。

（2）在施工现场需要制作 RJ45 对绞线跳线时，可以先将 RJ45 水晶头锁止保护套套入网线上，然后根据需要进行裁剪网线，将整理好线序的网线插入水晶头，压线时将 RJ45 水晶头锁止保护套的护套爪同时压入水晶头，使之镶嵌得更牢固，最后将 RJ45 水晶头锁止保护套上的锁片插入 RJ45 水晶头锁止保护套中。网线插入端口后，将锁片推至水晶头弹片下，完成水晶头的锁定。

6.12.3.5　质量验收

（1）RJ45 水晶头锁使用时应正确套入 RJ45 水晶头上，并且使用钥匙上的白色刻线与水晶头锁上白色刻线对齐。

（2）RJ45 水晶头锁止保护套的护套爪要准确压入 RJ45 水晶头内，锁止保护套要牢固、稳定，锁止片不能发生断裂、弯曲的现象。

6.12.4　示例图片

示例图片如图 6－68～图 6－71 所示。

图 6－68　水晶头锁

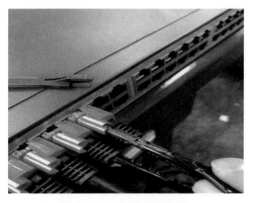

图 6－69　水晶头锁应用

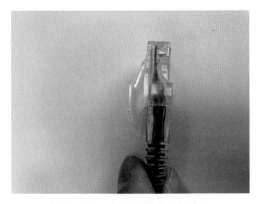 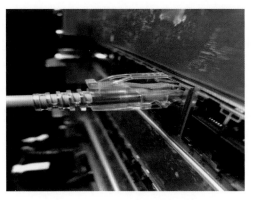

图6-70 水晶头锁止保护套　　　　　图6-71 水晶头锁止保护套应用

6.13 用户侧布线工艺

6.13.1 适用范围

本工艺适用于用户侧布线。

6.13.2 施工流程

用户侧布线流程如图6-72所示。

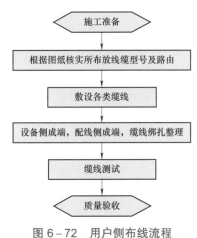

图6-72 用户侧布线流程

6.13.3 工艺流程说明及主要质量控制要点

6.13.3.1 施工准备

（1）材料准备：工程配套的各类型号缆线、扎带、各种型号热缩套管、绝缘胶带、网络水晶头、电话水晶头、同轴电缆头。

（2）技术准备：安全交底，核对施工图，核对厂家安装指导手册及工程的相关规范，编制作业指导书，确认工艺符合设计及工程要求。

（3）人员组织：施工负责人、技术负责人、现场安全员、安装技能人员。

（4）机具准备：斜口钳、套装螺丝刀、钢丝钳、尖嘴钳、活动扳手、电缆剪、网线钳、剥线钳、2M 压线钳、电烙铁、焊锡丝、音配专用卡接刀、美工刀、热风枪、钢卷尺、尼龙扎带、万用表、记号笔、标签纸、标签打印机、电源盘等工器具。

6.13.3.2 用户侧布线施工

施工工艺应符合以下要求：

（1）线缆的布放应平直，不得产生扭绞、打圈等现象，不应受到外力的压挤和损伤，特别是光缆；转弯处的半径一定要大于线缆的 10 倍半径（4 对双绞线要大于 10cm）；如果光缆和双绞线在同一线槽内，光缆不能放在线槽的最下面，避免挤压光缆。垂直线槽中，要求每隔 60cm 在线槽上扎一下。

（2）网络电缆与音频电缆槽盒内敷设时，应理顺捋直，并且每隔 30～40cm 进行绑扎一次，转弯时应在两侧进行绑扎，在进入机柜时，应在机柜下留有余长（一般在机柜下面转个大弯），然后沿机柜内走线架进行绑扎至网配或音配单元，整齐美观，绑扎间距一致，且扎带头应在同一位置，根据不同型号配线单元进行开剥成端，并应用热缩套管进行电缆封口。平缆线、主干缆线保持平整，每根缆线之间不应交叉。缆线在弯角处应保持顺势转弯，不可散乱。

（3）2M 线槽盒内敷设时，应排列有序，间隔 30cm 左右进行绑扎一次，且所有 2M 同轴线应整齐编扎在一起，在进入机柜时，应在数配机柜下留有一定余量以方便二次改线（一般盘绕半圈左右），进入机柜内应绑扎整齐直至各个数配单元水平稍下位置进行开剥，并用热缩套管进行封口，且应做好相应标识，方便成端，进入数配单元时，应考虑翻转数配时，缆线留有的余量，防止数配操作时，扭断缆线，引起故障。

（4）每一根线缆两端（配线柜端和终端出口端）都要有相同的、牢固的、字迹清楚的、统一的编号（编号标签统一打印，避免字迹不清楚和手写难以辨认的问题）。

（5）线缆在终端出口处要拉出不小于 60cm 的接线余量，盘好放在预埋盒内。防止其他工序施工时损坏线缆。

（6）配线柜处，线缆接线余量将根据每层楼面情况按技术督导意见留足。（一般情况，线缆进配线柜后留 6m）。

（7）布线时遇到阻力较大时拉不动，注意不要用力过猛，防止线缆芯线拉断。应先找出故障原因，并予以排除。

（8）布线缆时从配线柜至终端出口，线缆中间任何地方均不得剪断和接续，中间不能有断点，必须一根线敷设到位。

（9）在线槽内的线缆应捆扎整齐，水平六类双绞线应吊牌，标注该捆双绞线的使用区域或房间；对于光缆和大对数双绞线，每隔 10m 左右要贴一个标签，标注光缆和大对数双绞线的走向和编号。

（10）线缆敷设完毕后要检查：布线正确无错误、错位和遗漏；布线整齐，线槽（明线槽）盖板皆安装好。

6.13.3.3 质量验收

（1）在走线槽内布放整齐，间隔 30cm 左右进行绑扎一次，线缆布放应尽量遵循"横平竖直"的原则，严禁斜拉挑线。

（2）应预留合适的线缆长度，尽量减少多余线缆，余缆应在机柜顶部布放整齐，严禁线缆在机柜底部乱成一团。

（3）标签标识制作应全部采用机打，标签应准确、清晰、整齐，禁止手写。

（4）将上述要求和示范彩色打印，并贴在特高压站点通信机房有用户侧布线施工的机柜，用以指导和规范施工单位线缆布放施工。

6.13.4 示例图片

特高压站通信机房机柜用户侧布线工艺示例如图 6-73 所示。

图 6-73 特高压站通信机房机柜用户侧布线工艺示例